LEÇONS

PRATIQUES ET ÉLÉMENTAIRES

D'AGRICULTURE

ET D'HORTICULTURE,

A L'USAGE DES ÉCOLES PRIMAIRES,

RÉDIGÉES D'APRÈS LE PROGRAMME D'ENSEIGNEMENT
POUR LES ÉCOLES NORMALES PRIMAIRES
Adopté par S. Exc. M. le Ministre de l'instruction publique et
des cultes, le 31 juillet 1851.

PAR V.-F. BARBAUD,

Professeur d'agriculture et directeur de l'école supérieure,
à Vitry-le-Français (Marne).

⎯⎯⎯⎯⎯✻❋✻⎯⎯⎯⎯⎯

LONS-LE-SAUNIER,
CHEZ M. ESCALLE, LIBRAIRE-ÉDITEUR.

1857.

LEÇONS

PRATIQUES ET ÉLÉMENTAIRES

D'AGRICULTURE

ET D'HORTICULTURE,

A L'USAGE DES ÉCOLES PRIMAIRES,

RÉDIGÉES D'APRÈS LE PROGRAMME D'ENSEIGNEMENT
POUR LES ÉCOLES NORMALES PRIMAIRES
Adopté par S. Exc. M. le Ministre de l'instruction publique et
des cultes, le 31 juillet 1851.

PAR V.-F. BARBAUD,

Instituteur supérieur, pourvu du certificat d'aptitude aux fonctions
d'inspecteur et de directeur d'école normale primaire, ancien
secrétaire du comice agricole de l'arrondissement de
Poligny, professeur de français et d'agriculture
au collége de Vitry-le-François
(Marne).

LONS-LE-SAUNIER,
CHEZ M. ESCALLE, LIBRAIRE-ÉDITEUR.

1857.

HOMMAGE RESPECTUEUX

A M. Édouard DALLOZ,

Chevalier de la Légion-d'Honneur,

DÉPUTÉ DU JURA, SECRÉTAIRE DU CORPS LÉGISLATIF, PRÉSIDENT
DU CONSEIL GÉNÉRAL DU JURA, ETC.,

PAR

SON TRÈS-HUMBLE SERVITEUR

V.-F. BARBAUD.

M. Dalloz a daigné agréer la dédicace de cet ouvrage; voici copie de la lettre flatteuse qu'il a adressée à ce sujet à l'auteur :

A M. Barbaud,

Professeur d'agriculture à Vitry-le-Français.

Je ne sais, cher Monsieur, si mon nom, dont vous réclamez avec tant d'obligeance l'humble patronage, a eu sur vos premières Leçons l'influence que vous voulez bien lui prêter : vous me permettrez, quant à moi, de n'attribuer leur succès qu'à la simplicité de votre langage, et au but louable que vous poursuivez, celui d'être utile.

Je ne doute pas que vos Éléments d'Agriculture ne trouvent un bon accueil : on écrit peu pour les populations rurales, et l'on a tort, car ce sont celles-là qui font vivre les autres. Rendre pour elles la science pratique, la mettre à leur portée, c'est semer pour beaucoup récolter. Comment, après cela, ne pas sympathiser avec la pensée qui vous a fait écrire? Comment ne pas accepter avec plaisir la dédicace que vous voulez bien offrir

A votre affectionné compatriote,

ÉD. DALLOZ, député.

PRÉFACE.

On sait que je désire, depuis longtemps, que l'agriculture soit enseignée dans les écoles primaires. J'ai mis hors de doute les avantages de ces utiles leçons en enseignant, pendant plus de dix ans, l'agriculture théorique et pratique à mes anciens élèves : j'avais ainsi mérité, déjà en 1847, l'approbation et une récompense de la Société d'émulation du Jura, et jusqu'aux félicitations du Ministre de l'Instruction publique. C'est ce qui me fit appeler, bientôt après, aux fonctions de secrétaire du Comice agricole de l'arrondissement de Poligny. Il me fut alors possible d'encourager, avec plus d'autorité et de succès, nos bons cultivateurs dans les réformes, dans les progrès agricoles de notre temps. Mes nouvelles relations me permirent surtout de faire partager mes vues à des hommes éminents, qui comprirent mieux encore la nécessité d'approprier l'instruction primaire aux besoins des classes ouvrières agricoles.

Dirigé par l'affection et par les connaissances pratiques de feu le digne et honorable président du Comice, M. Poëllevey, qui aimait à me tenir bon compte d'un dévouement aussi humble que persévérant; secondé aussi par les lumières de M. Charles Rayé, inspecteur-général de l'agriculture, j'obtins de nouveaux témoignages de bienveillance du Ministre de l'Agriculture et du Commerce.

Sa haute approbation me permit, au moment où allait être discutée la loi sur l'enseignement, d'adresser à M. le Ministre de l'Instruction publique un mémoire concernant les matières à enseigner dans nos écoles ; j'insistais sur les leçons d'agriculture pour les enfants de la campagne. M. de Parieu jugea à propos de me remercier « *de la communication importante,* » est-il dit dans sa lettre, que je lui avais adressée, en m'assurant qu'elle « *serait prise en grande considération.* »

Je n'ai point la prétention de croire que mon mémoire décida M. le Ministre à proposer des leçons d'agriculture pour nos écoles : la loi en exige. C'était alors tout ce que je désirais ; c'était déjà un pas de plus dans le progrès agricole. Le décret qui organise cet enseignement dans les écoles normales, en est un plus grand encore. Bientôt tout le corps enseignant sera à l'œuvre. Encouragée par le gouvernement lui-même, par les autorités qui en sont les mandataires, notre armée de la civilisation morale et intellectuelle acquerra de nouveaux titres à la reconnaissance des familles, des populations agricoles et de notre belle patrie.

Heureux moi-même de voir se réaliser ce que j'ai appelé de tous mes vœux, je me suis empressé d'extraire de mon ancien cours et de nos meilleurs auteurs, tels que Bonnet, Barrau, Allard, Bentz, A. Chrétien, de Roville, Neveu-de-Rotterie, Grollier, ainsi que de quelques autres publications, ce qui m'a paru devoir répondre le mieux, quant à mon point de vue, au programme ministériel.

Afin d'être mieux compris des élèves auxquels je m'adresse, comptant, pour les explications et les développements de chaque leçon, sur le talent et la bonne volonté des instituteurs, j'ai essayé de concilier la brièveté et la simplicité, sans rechercher les agréments du style, en ayant soin d'écarter toutes les expressions plus ou moins scientifiques, peu comprises des enfants qui habitent les campagnes.

J'aurais dû, peut-être, laisser à quelqu'un plus capable que moi la tâche que je me suis volontairement imposée. Je justifie ainsi ma prétention : J'ai travaillé moi-même à côté de mon père, qui était, il y a vingt à trente ans, l'un des premiers à l'œuvre dans la voie du progrès agricole; j'ai vu et apprécié ses réformes, et les résultats de ses longs travaux. C'est lui qui, le premier, m'a dit que la terre devient un trésor inépuisable pour celui qui sait la cultiver aussi bien qu'elle l'exige. Mes cours pratiques, mes essais, peuvent aussi m'avoir révélé quelque chose. En visitant, en inspectant nos meilleures exploitations, en les comparant aux plus mauvaises, il m'a été permis d'étudier, de constater les causes du mal : j'ai voulu en indiquer les remèdes, et j'ai écrit.

Je demeure convaincu, de plus en plus, qu'il faut maintenir nos populations agricoles où elles sont nées, où elles peuvent devenir plus heureuses.

Les peuples de l'antiquité, tant qu'ils s'occupèrent sérieusement d'agriculture, vécurent à l'ombre de la paix, au sein de l'abondance. C'est encore en honorant, en encourageant le premier des arts, en lui donnant toute l'importance qu'il comporte, que nous éviterons, ou du moins que nous atténuerons les terribles effets des grandes calamités qui nous désolent quelquefois. Le moment est venu où chacun, dans la limite de ses forces, doit seconder un pouvoir qui travaille si activement au bien-être de tous !...

Enfin, mon travail, quel qu'il soit, a été soumis à l'examen d'hommes compétents, aussi recommandables par leur position sociale que par leur talent et leur dévouement aux intérêts de l'agriculture; en le publiant, je cède à leurs instances.

BARBAUD.

Saint-Amour (Jura), le 3 août 1856.

NOTIONS ÉLÉMENTAIRES

D'AGRICULTURE.

CHAPITRE Ier.

INTRODUCTION.

1. L'AGRICULTURE *est la science qui nous apprend à bien cultiver les terres.*

Elle nous donne les moyens économiques d'en obtenir des produits abondants et de bonne qualité.

Elle nous apprend à bien élever les animaux domestiques, à en améliorer les espèces.

Cette science se divise en deux parties principales : L'AGRICULTURE proprement dite, ou *culture des champs*, et L'HORTICULTURE, ou *culture des jardins*.

Ainsi envisagée, l'agriculture ne s'occupe guère que de la production des plantes nécessaires à la nourriture de l'homme et à celle des animaux.

2. Pour que les graines et les plantes mises

en terre se développent, elles ont besoin de *chaleur*, de *lumière*, *d'air* et *d'eau*.

En effet, elles croissent rapidement pendant les fortes chaleurs de l'été, tandis qu'elles languissent pendant les froids de l'hiver.

Les plantes qui croissent où il n'y a que peu de lumière, à l'ombre, ou dans une cave, par exemple, sont pâles, fragiles, languissantes, et on les voit se diriger, autant que possible, du côté de la lumière.

Les plantes ont besoin d'air, pour respirer, comme les animaux ; et, pour qu'elles se développent, les différents éléments de l'air leur sont indispensables, même pour les durcir.

L'air vivement agité produit les vents. Ces grands mouvements sont nécessaires, soit aux plantes, qui ne peuvent se mouvoir d'elles-mêmes, soit pour purifier l'air que nous respirons.

Les vents qui viennent de traverser les mers sont chargés d'eau en vapeur : elle tombe en gouttes ; c'est la pluie, qui vient arroser nos semences. Sans cette humidité bienfaisante, nos plantes périraient. L'eau leur donne, par les racines et les feuilles, une partie des aliments qui les font vivre.

Quand les pluies sont rares, les rosées apportent plus ou moins aux plantes l'humidité nécessaire.

La gelée blanche est souvent nuisible à nos semences; la neige, au contraire, conserve en hiver, à la terre, une partie de sa chaleur, en même temps qu'elle préserve du froid les denrées semées, ainsi que les plantes qui redoutent la gelée.

CHAPITRE II.

DIVERSES TERRES ET HUMUS.

3. Les plantes ne peuvent pas, comme les animaux, se transporter sur les divers points de la terre pour y chercher leur nourriture. C'est donc au cultivateur à choisir le terrain et l'engrais qui conviennent à chaque plante.

De là la nécessité d'étudier les différentes espèces de terre.

On en distingue trois grandes variétés :

1° Les terres *argileuses* ou marneuses, dans lesquelles l'argile domine. L'argile est une terre grasse avec laquelle on fait des vases, des tuiles. Il y a peu d'argile pure ; presque toutes nos terres grasses sont plus ou moins marneuses.

2° Les terres *sablonneuses*, qui contiennent beaucoup de sable.

Le sable est formé de petits grains de gravier.

3° Les terres *calcaires*, qui renferment de la chaux en poussière.

4° On appelle *humus* la terre noire produite par des matières végétales et animales bien pourries.

Un terrain composé de diverses terres et d'humus, réunit les meilleures conditions de fertilité : c'est la terre *franche*.

Par sa nature, l'humus, provenant des végétaux et des animaux, réunit tout ce qui est nécessaire à de nouvelles plantes : c'est l'engrais; car toute espèce d'engrais ou de *fumier* provient de matières végétales et animales.

4. C'est l'engrais qui manque généralement aux cultivateurs. On en augmente la quantité par la culture des plantes sarclées, par la multiplication des prairies artificielles, par les bonnes irrigations aux prairies naturelles; enfin, en réunissant dans une fosse tous les débris du ménage, la suie, les urines, un peu de chaux, mais du plâtre de préférence ; en arrosant, avec ce compot, les pailles, les feuilles

d'arbres, les mauvaises herbes des champs, des chemins, les mousses, etc.; toutes ces matières, mises en tas, à côté de la fosse, ne tardent pas à se décomposer : au bout d'un mois, en ayant soin d'arroser chaque jour, on a un excellent engrais.

Plus les terres produisent de fourrages, plus il y a de bestiaux, et plus il y a d'engrais par conséquent.

CHAPITRE III.

AMENDEMENTS.

5. On amende les terres en les mélangeant les unes avec les autres, ou en les écobuant pour en brûler la surface.

Les terres grasses et humides peuvent être amendées par les terres calcaires, par les terres sablonneuses, par l'écobuage et par le *drainage*. Elles doivent être labourées fréquemment et en temps convenable, on peut y enfouir des récoltes vertes pour les diviser.

Le *drainage*, dont les effets bienfaisants nous étonnent, consiste à placer, dans les terres humides, une suite de tuyaux en terre pour les bien égoutter.

Le *drainage* est déjà appliqué à nos grandes cultures. On peut y suppléer par de petits canaux recouverts. Bientôt cette dépense sera possible à tous les cultivateurs. L'administration encourage partout ce moyen d'assainir les terres humides.

6. Les terrains sableux, sans consistance, deviennent brûlants et ne conservent aucune humidité pendant les fortes chaleurs. Les bons cultivateurs ne les écobuent jamais pour les brûler ensuite. La marne argileuse leur convient pour leur donner de la consistance et pour leur conserver beaucoup d'humidité.

7. Les terres calcaires, quelquefois blanches, sont brûlantes à la surface et froides à l'intérieur, quand il fait chaud; elles aimeraient un mélange de terre noire et quelque peu de marne, tous les trois ans.

Les terres rouges, qui renferment de la houille de fer, sont très-stériles. On ne peut que médiocrement les amender à force d'engrais. Nous conseillons de les utiliser en diverses plantations d'arbres qui leur conviennent.

Parmi les terres calcaires, on rencontre les terres *crayeuses*, qui sont très-peu fertiles, et qu'il est aussi fort difficile d'amender.

8. Quand on écobue les terrains légers ,
pour en ôter les mauvaises herbes, il serait
à désirer que toutes ces herbes, les racines ,
les gazons, au lieu d'être brûlés, fussent mis
en tas : ils s'y décomposeraient promptement
en une bonne terre noire. Les écobuées ou
fournaches activent la végétation pendant un
an ou deux, après lesquels les terrains qui ne
reçoivent point d'autres engrais sont ruinés
pour cinquante ans et plus.

L'écobuage diminue aussi la quantité de
terre végétale, en en changeant la nature et en
la rendant moins compacte et plus brûlante.
Pas d'écobuage donc pour les terres légères
plus ou moins calcaires. Redoutons aussi l'é-
cobuage s'il a pour effet, en brûlant la terre,
de la changer en tuile.

Mais écobuons les terres froides, humides,
marécageuses. Cet amendement divise et ré-
chauffe les terrains de cette nature, et la cen-
dre des racines les fertilise.

CHAPITRE IV.

9. On appelle *sous-sol* le terrain sur lequel est placée la terre végétale.

Si la terre qui le compose est de même nature que celle de la surface, il est inutile de faire des labours très-profonds, si les plantes ne les exigent point. Dans le cas contraire, on peut amender une terre en la mélangeant avec le sous-sol : une terre argileuse ou marneuse peut très-bien être mélangée avec un sous-sol de sable, et une terre sableuse avec un sous-sol marneux.

Si le sous-sol est formé d'une couche dure, l'eau reste stagnante, et le terrain, quelle qu'en soit la qualité, est improductif. Ayons alors recours au drainage, il produira des merveilles. Si cette dépense est impossible, multiplions les fossés d'écoulement, cultivons en gros sillons, creusons des puits perdus.

Ces puits sont possibles dans toutes les terres dont le sous-sol imperméable repose sur une couche de gravier.

Toutes les fois que le sous-sol peut amender la terre végétale, faisons des labours plus profonds.

10. Les amendements particuliers sont : les terres des chemins et des routes, les boues des fossés, des mares d'eau, la chaux, le plâtre, les débris de démolitions, les cendres de bois et de houille, la marne, etc.

La chaux, les boues graveleuses conviennent aux terres grasses. Un terrain chaulé produit du blé qui donne beaucoup de farine et peu de son.

La marne argileuse convient aux terres calcaires, et la marne calcaire, aux terres sableuses. Comme on pourrait se tromper sur la nature des marnes, il est bon d'en faire l'essai avant de s'en servir : telle marne peut être excellente pour une terre et nuisible pour une autre. En général, les bonnes marnes font effervescence dans le vinaigre.

Les débris de démolition, les plâtras, ne doivent point être répandus sur des terres calcaires.

Le plâtre ou le gypse est un fameux stimulant, qui convient à peu près à toutes les prairies artificielles : sur le trèfle, la luzerne, l'esparcette, ses effets sont étonnants. Il a beaucoup d'influence, surtout si les terres sont quelque peu grasses et sableuses. Répandu sur le trèfle après la moisson, il fait obtenir une excellente récolte en six semaines.

Les bonnes marnes fécondent les vignes sans nuire à la qualité du vin.

Les cendres de houille sont à la fois un amendement et un engrais.

Les cendres lessivées sont l'agent le plus actif pour beaucoup de plantes. C'est sur les sols argileux, sur les terrains humides, qu'elles produisent le plus d'effets ; ils sont extraordinaires sur les prés marécageux.

De nombreuses expériences attestent que le sel a une grande influence sur le développement des plantes : c'est un stimulant que nos meilleurs cultivateurs emploient, depuis quelques années, avec un plein succès. On peut faire des essais, et l'employer partout où il réussit. Mais c'est aux fourrages qu'il produit le plus de bien : s'ils sont humides, le sel les empêche de moisir en les conservant très-verts ; en leur ôtant tout mauvais goût, il leur ajoute des qualités de premier ordre ; les animaux mangent avec appétit, profitent au-delà de tout ce qu'on oserait espérer, pour la crue, la graisse et le lait, et sont plus actifs, plus vigoureux au travail. Le sel peut être donné aux animaux de plusieurs autres manières, avec des racines, par exemple.

Les sables et les plantes de mer produisent de bons effets sur les terres, en vertu du sel qu'ils contiennent,

Le salpêtre peut être aussi employé avec succès, attendu qu'il contient beaucoup de potasse et de soude.

La suie détruit les mousses et les insectes, en même temps qu'elle amende les terres.

Les cultivateurs intelligents qui vivent auprès de certaines industries, peuvent se procurer beaucoup d'autres amendements qu'il serait trop long d'énumérer ici. Et la science agricole, à peine en voie de progrès, fera, sous ce rapport comme sous bien d'autres, de nombreuses découvertes.

CHAPITRE V.

ENGRAIS.

11. Les engrais, nous l'avons dit, sont des débris composés de végétaux et d'animaux ; c'est la nourriture des plantes.

Si les amendements améliorent les terres, les engrais, encore plus que certains amendements dont nous venons de parler, donnent à la plante les sucs qui lui sont propres.

On peut diviser les engrais en trois catégories :

1° Les engrais tirés des végétaux verts ou secs ;

2° Ceux qui proviennent des animaux ;

3° Les engrais composés.

12. Les engrais verts conviennent aux terres légères et sèches, pour y maintenir l'humidité. On emploie comme engrais verts les navets, les raves, les trèfles, les fèves, les poids et les vesces ; il est nécessaire de les mettre en terre au moment de la floraison.

13. Les feuilles, toutes sortes de mauvaises herbes, les fougères, les mousses, les joncs, les débris de vieux troncs d'arbres, les racines de bois, les débris des fruits, des raisins, du jardinage, les tourteaux qui ne peuvent être utilisés pour le bétail, etc., sont de bons engrais, après qu'on les a mélangés avec du plâtre, et qu'ils ont fermenté, comme nous l'avons dit au chapitre II.

Les tourteaux peuvent être employés sans

fermentation, en les pulvérisant; mais c'est moins avantageux.

14. Tous les débris d'animaux qui périssent, toutes denrées qu'on rencontre aux abattoirs, aux boucheries, tels que boyaux, tendons, sang desséché et pulvérisé, os brûlés et calcinés, onglons, poils, etc., sont des engrais très-actifs. Après avoir placé le tout dans une fosse, on y répand un peu de chaux et on couvre de terre.

Au bout de très-peu de temps, la terre est mélangée avec tout le reste; et, afin de prévenir toute espèce d'odeur, en même temps que la perte d'une partie des principes fertilisants que l'air enlève, on cache immédiatement en terre cet engrais. Quand on le peut, on ajoute à ce mélange quelque peu de plâtre, les urines et certaines matières fécales : la chaux en fait disparaître la mauvaise odeur, et ce travail ne présente pas plus de dégoût qu'un autre.

Les urines et les matières fécales mélangées forment un engrais qui prend le nom de *poudrette*, quand il est pulvérisé. Il n'y a guère que les vidangeurs des grandes villes qui le fabriquent.

Dans les campagnes, il est plus commode

et plus avantageux de mélanger ces matières avec celles dont nous venons de parler, et de les laisser quelque temps en fermentation.

15. Les engrais les plus chauds sont la fiente des oiseaux, des pigeons, des chauves-souris. On rencontre quelquefois cette dernière en grande quantité dans certaines grottes ; et le cultivateur, ignorant les effets bienfaisants de cette substance, ne l'utilise point (1).

Après la basse-cour, les fumiers les plus chauds proviennent des chevaux et des moutons. On emploie cet engrais pour les terrains froids et humides ; celui des moutons, contenant du soufre en assez grande quantité, convient aux choux, à la navette, au colza, etc.

Le fumier de vache convient mieux que l'autre à la culture du blé et aux terrains calcaires.

Le fumier de cochon, beaucoup plus froid, convient aux terres chaudes et aux prairies naturelles.

____

(1) Cet engrais, qui, sous le nom de *guano*, commence à nous arriver des pays étrangers, est plus ou moins falsifié. Il en est de même de certains autres engrais artificiels que d'habiles industriels livrent au commerce agricole. N'utilisez que ce qui vous est bien connu par ses qualités fertilisantes.

CHAPITRE VI.

EMPLACEMENTS, SOINS ET EMPLOI DES FUMIERS.

16. Les fumiers devraient toujours être placés à l'ombre, dans des fosses, de manière que l'urine des étables pût se répandre d'elle-même sur le tas, pour l'arroser, en passant par un petit canal. Quand cette disposition est impossible, nous conseillons un réservoir particulier pour le purin et les urines. On les répand sur les fumiers tous les deux ou trois jours, afin d'en hâter la fermentation et d'en empêcher la brûlure.

Le purin seul, quand il a quelque peu fermenté, est un engrais puissant. Ne le laissons point se perdre le long des chemins, dans les fossés, dans les mares d'eau, dans les rues du village. Cet état de choses est déplorable : l'économie rurale et l'hygiène exigent d'autres soins. Nous conseillons une fosse à purin à côté de chaque tas de fumier. Ce qu'on a de trop pour arroser, pour empêcher de moisir les fumiers, est utilement employé à la fabrication des engrais dont nous avons parlé dans les chapitres précédents.

17. Dès qu'un fumier, un engrais quelcon-

que, est répandu sur une terre, on doit l'enfouir. Quelques bons cultivateurs le cachent en terre le jour même qu'ils le conduisent sur leur champ : c'est que le fumier exposé à l'air y perd une partie de ses propriétés bienfaisantes.

L'expérience a démontré qu'un mètre cube de fumier, employé immédiatement après l'avoir pris au tas, en vaut deux mètres cubes exposés à l'air pendant une huitaine de jours avant d'être mis en terre ! Et souvent nos cultivateurs laissent leurs engrais se dessécher au soleil tout un mois !

Nous conseillons aussi de semer immédiatement après avoir caché le fumier, c'est-à-dire avant que la terre, fraîchement labourée, ne se durcisse, à la suite de quelques pluies ou de quelques journées de soleil.

Celui qui a des cendres en abondance, peut les mélanger avec le fumier qu'il destine aux céréales : les cendres ajoutent, dit-on, à la qualité du grain (1).

---

(1) Les cendres, composées de potasse, de soude, de magnésie, etc., sont favorables aux céréales et aux vignes, puisque ces plantes réclament ces divers sels pour leur nourriture.

CHAPITRE VII.

18. *Ain.*—Ce département est fertile en céréales ; la Bresse engraisse des bestiaux et des volailles aussi renommées que nombreuses ; vins et bons pâturages.

Aisne.— Il produit des céréales, de bons fourrages ; on estime les haricots de Soissons et le lin de Saint-Quentin.

Allier.— Ce département fournit du vin, des céréales, des fourrages, des légumes et de bons fruits.

Alpes (Basses-).— Il produit orge, avoine, seigle, châtaignes, pommes de terre, oranges, olives, amandes, vin, miel, cire, truffes, térébenthine, manne, agaric ; exportation de moutons ; laines, soie, cuir, fromages, pâturages abondants.

Alpes (Hautes-). — Sol très-montagneux, forêts, seigle, avoine, peu de froment, châtaignes, pommes de terre, vin, fourrages.

Ardèche.—Prairies, vignes, vastes plantations de mûriers, arbres fruitiers, céréales en quantité insuffisante, pommes de terre, châtaignes.

Ardennes. — Grains, fruits, chanvre, vin commun, céréales au-delà de la consommation.

Ariége. — Céréales, fruits, pâturages, chanvre, vin, bétail, moutons, bois.

Aube. — Fromages, seigle, chevaux, orge, avoine, sarrazin, navette, chanvre, foin, vin.

Aveyron. — Fromages, laines, chevaux; récoltes en céréales et en vin pour la consommation.

Bouches-du-Rhône. — Céréales, beaucoup de vin; un cinquième seulement du sol est livré à la charrue; insuffisance de céréales.

Calvados. — Céréales, pâturages, pommes de terre, bons légumes, pommes pour le cidre.

Cantal. — Peu fertile en grains, bons pâturages, vin.

Charente. — Riche en vins, bonne eau-de-vie de Cognac, céréales, châtaignes, huiles de colza, de noix, de lin et de chanvre, bons pâturages.

Charente-Inférieure. — L'agriculture y est florissante; céréales, pommes de terre, vin.

Cher. — L'agriculture y est peu avancée. Quelques céréales, pommes de terre, vin, chanvre, porcs et autres animaux de boucherie pour Paris.

Corrèze. — Bestiaux, seigle, avoine et sarrazin.

Corse. — Légumes pour l'Italie, bons vins; céréales, maïs, millet, pommes de terre, olives, tabac et lin.

Côte-d'Or. — Vins excellents, dont les plus renommés sont le Pommard, le Chambertin, le Clos-Vougeot, etc.; bonnes productions en céréales, en légumes; chanvre, lin, colza, navette; engraissement des bestiaux.

Côtes-du-Nord. — Peu fertile; blé, chanvre, lin, excellent beurre et pommes de terre.

Creuse. — Céréales; beurre, fromage; on y engraisse des bestiaux.

Dordogne. — Céréales, pommes de terre, châtaignes, noix, vin, truffes.

Doubs. — Lin, chanvre et diverses plantes à huile pour les usages locaux et pour le commerce; engraissement des bestiaux et surtout des porcs; chevaux de Comté; fromage de gruyère; excellentes prairies.

Drôme. — Céréales, légumes, soie, vin, chevaux, vaches, moutons, chèvres.

Eure. — Agriculture très-avancée. L'Eure

faisait partie de la Beauce, pays très-fertile en céréales, légumes, vin, cidre, navets.

Eure-et-Loire. — C'est l'ancienne Beauce, très-fertile en céréales; légumes, vin, cidre, pommes de terre et navets.

Finistère. — Pays peu fertile; culture des céréales et de la pomme de terre, cidre; prairies, engraisseurs des bestiaux.

Gard. — Peu agricole, ne produisant guère que le tiers des céréales qui lui sont nécessaires. La châtaigne y supplée au blé; maïs, pommes de terre, eaux-de-vie renommées, soie et olives.

Garonne (Haute-). — Céréales, maïs, légumes secs, vin, pommes de terre. On y engraisse les bœufs, les porcs et les volailles.

Gers. — Très-agricole, bonne méthode de culture; céréales, maïs, vin, légumes, pommes de terre, bons pâturages.

Gironde. — Vins délicieux, qui sont la principale richesse du pays; céréales, maïs, millet, légumes, etc.

Hérault. — Sol varié et fertile, vins muscats, vins rouges et blancs, figues, raisins secs, olives et huile d'olive, fruits, mûriers blancs, soie, pâturages, bestiaux.

Ille-et-Vilaine. —Sarrazin, froment, seigle, orge, cidre, chanvre, lin, bons pâturages, beurre excellent.

Indre. — Agriculture peu en progrès; céréales, vins, châtaignes, pommes de terre; laines renommées; moutons, porcs, chèvres, oies et dindes.

Indre-et-Loire.— Céréales, légumes, fruits délicieux, beaucoup de vin et de chanvre, vers à soie, abeilles.

Isère. — Céréales, maïs, pommes de terre, soie, vin, fromages estimés.

Jura.—Vins renommés, blé, chanvre, noix, maïs, beurre, fromages de Gruyère, de Sept-moncel; bœufs et porcs à l'engrais; éducation des bestiaux, bons pâturages.

Landes. —Céréales, maïs, pommes de terre, légumes, vins, résine, safran, lin, chanvre, bon miel, bons pâturages.

Loir-et-Cher. — Pays agricole et vignoble en progrès; céréales, pommes de terre, vin, chanvre, etc.

Loire. —Peu de céréales, pommes de terre, chanvre, colza, gaude, garance, noix, châtaignes, mûriers et soie.

Loire (Haute-). — Légumes, marrons, céréales, pommes de terre, miel renommé.

Loire-Inférieure. — Fruits, chanvre, lin, chevaux, bêtes à cornes, céréales, abeilles, chèvres.

Loiret. — Fertile en céréales, légumes, pommes de terre, fruits, cidre, chanvre, lin, colza, safran.

Lot. — Céréales, vins, maïs, millet, châtaignes, noix, truffes du Périgord, culture du tabac.

Lot-et-Garonne. — Chanvre, prunes confites, figues sèches, céréales, vins, châtaignes, pommes de terre.

Lozère.—Peu fertile en céréales; excellents pâturages, nombreux troupeaux, laine, chanvre, lin, soie, peu de vin, châtaignes.

Maine-et-Loire.—Sol fertile: grains, fruits, vins, chanvre, lin, cire, miel, eau-de-vie, huile de noix, bestiaux, pruneaux secs.

Manche. — Riches produits : grains, lin, chanvre, pâturages, beurre, bœufs, porcs, moutons, cidre, miel et cire.

Marne. — Céréales et vins de Champagne.

Marne (Haute-).—Céréales, légumes, plantes textiles et oléagineuses, beaucoup d'abeilles.

Mayenne.— Produits au-delà de la consommation : céréales, fruits, cidre, poiré, abeilles, chanvre, lin, bestiaux.

Meurthe.—Céréales au-delà de ses besoins; bons fourrages, vignes, fruits à noyaux.

Meuse. — Toutes les céréales ; chanvre et graines oléagineuses pour le commerce ; gros bétail, vins, chèvres, excellents fourrages.

Morbihan.— Céréales en abondance, bons pâturages, nombreux bestiaux, beurre, cire, miel.

Moselle. — Grains, vins, fruits, légumes, pommes de terre, fourrages, chanvre, colza, pavots, choux-navets.

Nièvre.—Partout le sol est très-bien cultivé; céréales, légumes, fruits, vins estimés; bons pâturages et bestiaux.

Nord.— Un des mieux cultivés de France; céréales, légumes, bière, colza, tabac, pommes de terre, betteraves.

Oise.— Céréales en abondance, légumes, bêtes à cornes, beurre et fromages estimés.

Orne. — En petite quantité : orge, froment, méteil, sarrasin, seigle, avoine, légumes, pommes de terre, cidre, poiré, eaux-de-vie;

lin et chanvre en grand ; bons pâturages, beurre, fromages, bestiaux.

Pas-de-Calais.—Céréales, bière, légumes, pâturages, betteraves, plantes oléagineuses et textiles, volailles et porcs gras.

Puy-de-Dôme. — Blé, vin, chanvre, miel, châtaignes, fèves, pois, raves, pommes de terre; fruits, mûriers.

Pyrénées (Basses-). — Lin, beaucoup de maïs, fruits, peu de blé; seigle et avoine; pâturages excellents.

Pyrénées (Hautes-).—Seigle, maïs, millet, soie, bons vins et volailles estimées.

Pyrénées-Orientales. — Excellents vins, oranges, citrons, fruits exquis, olives, mûres, melons, céréales, huile, soie, miel, cire, etc.

Rhin (Bas-).—Céréales, pommes de terre, légumes, chanvre, lin, fruits, fourrages, pavots, colza, navette, moutarde, noix, anis, choux, coriandre, safran, tabac, garance, peu de vin.

Rhin (Haut-). — Froment, seigle, orge, maïs, féveroles, avoine, sarrasin, vin.

Rhône.— Vins blancs, vins rouges estimés; culture du mûrier; fromages du Mont-d'Or.

Saône (Haute-). — Grains, vins, bestiaux, fromages façon Gruyère, cerisiers, chanvre, quelque peu de lin.

Saône-et-Loire. — Grains, chanvre, beaucoup de bestiaux; vins renommés, fruits estimés, excellents pâturages.

Sarthe. — Céréales, pommes de terre, cidre, poiré; chevaux, mulets, bêtes à cornes et moutons; chanvre, graine de trèfle, toiles communes.

Seine. — L'abondance des engrais permet de nombreuses cultures spéciales; céréales, cerises, pêches, toute espèce de légumes.

Seine-et-Marne. — Grains, vins et fruits.

Seine-et-Oise. — Culture maraîchère et des arbres fruitiers; céréales, vins, cidre, bière et pommes de terre.

Seine-Inférieure. — Toutes sortes de grains, lin, chanvre, colza, navette, pommes de terre, cidre, poiré, beurre, fromages, légumes, houblon.

Sèvres (Deux-). — Céréales, vins, pommes de terre, légumes,

Somme. — Céréales en abondance; lin, chanvre, plantes oléagineuses.

Tarn. — Céréales, sarrasin, anis, safran,

colza, châtaignes, vins, fruits de toute espèce, chanvre, lin, pastel, beaucoup de mûriers.

Tarn-et-Garonne.— Céréales, vins au-delà de la consommation ; chanvre, lin, graines oléagineuses, chevaux, bétes à cornes, porcs, volaille.

Var.— Peu de céréales ; beaucoup de vin ; olivettes, fruits de toute espèce, câpres, oranges, cédrats, marrons, citrons ; vers à soie, abeilles, parfums, essences, liqueurs ; forêts de liége ; mulets, chèvres, moutons et porcs.

Vaucluse.—Beaucoup de vers-à-soie et d'abeilles ; vins spiritueux ; céréales, safran, garance ; amandes, noyaux de pêches et d'abricots livrés au commerce en quantité considérable.

Vendée.—Grains et légumes en abondance ; bestiaux à l'engrais ; choux-navets en grand, chanvre et lin.

Vienne.—Céréales, pommes de terre, châtaignes, noix, vin, truffes, plantes textiles ; bons pâturages, mulets.

Vienne (Haute-).— Agriculture en retard ; peu de céréales et de pommes de terre ; seigle, chanvre, excellents fourrages, chevaux estimés, abeilles, peu de vignes.

Vosges. — Céréales, plantes médicinales, bons pâturages, bestiaux, beurre, fromages, bon lin ; culture du mérésier et du houblon.

Yonne. — Céréales, pommes de terre, vin, cidre ; bons vignobles, vins blancs de Chablis.

Nous n'avons cité que les productions principales de chaque département.

(E. Grollier.)

CHAPITRE VIII.

BESOINS, AMÉLIORATIONS GÉNÉRALES ET PARTICULIÈRES.

49. Après avoir énuméré rapidement les richesses, les productions agricoles des départements, nous avons à indiquer certaines améliorations que la science agricole nous montre plus ou moins partout.

En effet, nous ne pouvons parcourir quelque peu notre beau pays sans rencontrer, çà et là, des terres incultes, des plaines, souvent inondées, à assainir ; des collines, des montagnes nues, à reboiser, des forêts usées à défricher.

20. La plus grande partie des terres du département de l'Indre, par exemple, sont incultes! Des terrains incultes! il y en a partout plus ou moins. Nous ne pouvons excepter que les environs des grandes villes et les bons pays, quelques arrondissements où l'agriculture a fait de grands progrès.

Une terre inculte, c'est une richesse enfouie que le cultivateur peut s'approprier au moyen de son travail.

21. Le drainage (1), dont nous ne saurions trop apprécier les bons effets, sera toujours impuissant contre les inondations. On ne peut éviter celles-ci qu'au moyen de digues, bien faciles à établir, sur les petits cours d'eau, au moyen de gazons, de saules et d'osiers plantés sur les bords du ruisseau ou de la petite rivière.

22. Souvent on empêcherait les débordements de l'eau, en redressant, en élargissant les lits de nos petites rivières, encombrées,

---

(1) Voir l'excellent ouvrage de M. Lamairesse sur le drainage, 1 vol. in-12, avec un grand nombre de planches. Prix : 3 fr. 50 c., à la librairie d'Escalle, à Lons-le-Saunier.

comme on le sait, par toutes sortes d'obstacles. En Bresse, et dans les pays semblables, au moyen de ce système, on éviterait les nombreuses inondations des prairies ; inondations si nuisibles aux fourrages, aux bestiaux et à la santé des habitants : ces invasions de rivières laissent des eaux stagnantes, des émanations putrides, qui engendrent des fièvres pernicieuses. De telles améliorations sont donc pressantes sous tous les rapports.

23. Boisons toutes nos mauvaises terres incultes, improductives, nos parcours stériles, nos froids marécages, dont il est impossible de tirer parti autrement. Boisons aussi les flancs des collines rocheuses, des montagnes nues dont la pente trop rapide empêche la terre d'y rester, quand il y en a. Commençons par réunir, çà et là, ce qu'on rencontre de terre végétale dans les lieux arides qui en sont presque privés ; plantons ensuite de jeunes arbres dans les trous qu'on a préparés à deux ou trois mètres de distance les uns des autres ; essayons-y des semis : ils réussissent généralement mieux que les plantations. Dans les fentes des rochers, appelées *laisines*, on trouve presque toujours des veines de bonne

terre, et en quantité suffisante, soit pour une plantation, sait pour un semis. En peu d'années, les feuilles des arbres ainsi plantés ou semés, auront produit assez de terre pour leurs besoins, et bientôt la côte ou le plateau rocailleux sera couvert d'une superbe forêt !

24. Nous avons des forêts rabougries, improductives, usées, sur un sol riche en humus produit par les feuilles et les racines pourries. Défrichons ce terrain, préparons-le à une culture quelconque, si, d'autre part, la terre, par sa nature, nous offre des avantages certains. Dans ces derniers temps, on a défriché sans discernement : l'exposition, la pente trop rapide des terres, la difficulté d'y conduire des engrais et d'en enlever les récoltes, n'ont pas toujours été prises en considération. On le voit, dans tout ce que le cultivateur entreprend, il a besoin d'intelligence et des connaissances pratiques de la science agricole.

25. Dans beaucoup de pays, la multiplicité des haies garnies de pierres entre les propriétés, est fort nuisible aux récoltes, et présente de graves inconvénients pour les la-

bours; nuisibles aux récoltes, par les insectes et les animaux que les haies abritent; aux labours, en ce que les pierres et les broussailles empêchent de faire fonctionner les instruments aratoires. Souvent aussi, les amas de neige qui s'y forment, perdent les semences d'automne, sans compter que l'ombre des haies est nuisible à presque toutes les denrées.

Donc, en premier lieu, extirpons toutes les haies inutiles au milieu des champs, et occupons-nous de ces travaux pendant les beaux jours d'hiver.

CHAPITRE IX.

PRINCIPALES CULTURES; LEUR RENDEMENT.

—

Culture des céréales.

26. On donne le nom de céréales aux plantes dont les graines farineuses servent à la nourriture de l'homme et des animaux: telles sont le froment, l'orge, l'avoine, le maïs, etc.

Nous conseillons de ne semer que des graines de la dernière récolte : elles lèvent plustôt que les autres, et redoutent moins les insectes.

L'époque des semences varie suivant les localités et les climats. En général, les semences d'automne doivent commencer à la chute des premières feuilles, et celles du printemps après les gros froids et avant les fortes chaleurs.

L'expérience a démontré que la semence ne doit jamais être placée à plus de quinze centimètres de profondeur. Il est nécessaire de bien ameublir les terres, et de ne semer, si c'est possible, que quand elles ne sont ni trop sèches, ni trop humides. Les mauvaises herbes, telles que le *chiendent*, le *chardon*, la *folle-avoine*, doivent être extirpées avec soin.

Froment.

27. C'est le froment qui donne les plus riches produits agricoles. Les variétés en sont nombreuses. On distingue : les *blés rouges* et les *blés blancs*. Les premiers viennent dans les bons pays, se conservent longtemps et donnent le meilleur pain; les seconds produisent plus de pain, mais il est moins savoureux et durcit très-vite.

Les *blés barbus* viennent en terrains quelque peu froids et humides ; ils se défendent contre les oiseaux, quelquefois nombreux à côté des forêts. Leur grain donne beaucoup de son ; mais la paille est meilleure pour les bestiaux que celle des autres espèces.

Le froment préfère les terres fortes ou franches, et engraissées quelque peu à la longue.

Il est bon que la semence subisse l'opération du chaulage, qui préserve le blé de la carie : pour un hectolitre de blé, on fait dissoudre cinq cents grammes de sulfate de soude dans quinze litres d'eau chaude. Après que le blé a été bien imprégné, on ajoute deux kilogr. de chaux vive, et on agite de nouveau ; le lendemain, on brasse encore, et la semence ainsi préparée peut être jetée en terre.

Nous conseillons un bon hersage au printemps, si le terrain est croûté ou rempli de mauvaises herbes.

Il est bon que le blé n'arrive pas à une maturité complète ; mais, s'il est destiné aux semailles, il doit être bien mûr et battu immédiatement.

28. *L'épeautre* est un seigle blanc dont la

farine est très-estimée, et qui vient sur de mauvais sols avec ou sans fumier. Les balles restent attachées au grain, qui en devient difficile à moudre : c'est ce qui empêche la culture de ce seigle d'être plus répandue.

Seigle.

29. Chacun le connaît. Le grain sert à engraisser les volailles, à fabriquer les eaux-de-vie.

Il y a *le seigle d'automne*, celui de *mars*, et le *seigle de la Saint-Jean* (1). Celui-ci, le meilleur, est semé immédiatement après la récolte. On peut le faucher ou le pâturer en automne.

Le seigle vient sur les mauvais terrains rocailleux et peu fertiles.

On donne le nom de méteil à une semence composée d'un tiers de froment et de deux tiers de seigle. Ce sont des céréales qui présentent l'inconvénient de ne pas mûrir en même temps. Ce mélange convient aux terrains peu favorables au froment: si ce dernier manque, on récolte au moins le seigle.

---

(1) M. Dupin vient d'introduire dans la Nièvre la culture d'un seigle d'Alger, dont les grains ont plus de douze millimètres de longueur. Nous désirons que cette belle variété soit répandue au plus tôt partout où elle pourra réussir.

Plus le terrain est bien disposé, moins il faut de semence. Les habitudes locales en indiquent la quantité.

Le rendement des céréales de toute espèce dépendant de la préparation du sol, ainsi que des saisons, ne peut être calculé exactement qu'après les récoltes.

On emploie en semences de douze à quinze doubles-décalitres par hectare.

Le blé de mars, cultivé où les hivers sont quelque peu rigoureux, ne produit, en moyenne, que des trois quarts aux quatre cinquièmes d'une autre espèce.

Le seigle, craignant beaucoup la gelée blanche, ne doit point être semé en des lieux où elle est fréquente au moment de la floraison.

Orge.

30. On emploie l'orge pour engraisser les chevaux, les bœufs, les porcs et les volailles, pour augmenter le lait des vaches, ainsi que pour la fabrication des eaux-de-vie; c'est une nourriture substantielle et rafraîchissante.

On la sème après les fournaches ou après les plantes sarclées. Dans ce dernier cas, si la terre est quelque peu fatiguée, un léger engrais est très-utile.

L'orge doit être semée à environ un décimètre de profondeur.

L'orge d'automne, ou *escourgeon*, doit être semée au milieu de septembre.

L'orge de printemps présente les variétés suivantes : 1° grande orge à deux rangs ; 2° orge quadrangulaire; 3° orge à six rangs ; 4° orge nue à deux rangs; 5° orge d'Asie, très-farineuse, et mûrissant en moins de trois mois.

Nous aimerions que chacun fît essai de ces différentes espèces, pour cultiver ensuite la plus productive.

Avoine.

31. L'avoine donne de l'ardeur aux chevaux, du lait aux brebis, engraisse les moutons, hâte l'époque à laquelle les poules commencent à pondre. La graine est peu farineuse; mais le fourrage en est fort estimé.

Les principales variétés sont l'*avoine noire* et l'*avoine blanche de Hongrie*; l'avoine de *Brie*; l'avoine à trois lunes, remarquable par sa précocité, etc.

La nature du sol n'étant point uniforme, les cultivateurs intelligents, après avoir fait des essais sérieux, choisissent l'espèce qui leur convient le mieux.

Le rendement de l'avoine et de l'orge est quelquefois très-considérable; il va assez souvent de huit à quinze fois la semence.

L'avoine réussit très-bien dans les terrains froids, humides ou nouvellement défrichés. Elle doit être semée le plus tôt possible : *Avoine de février remplit le grenier.*

Sarrasin ou blé noir.

32. Beaucoup de cultivateurs, comme en Bresse, se nourrissent de blé noir et vendent le froment. Son grain sert à engraisser les porcs et la volaille. Enfoui au moment de la floraison, le sarrasin est un excellent engrais. Donné vert aux bestiaux, il est aussi nutritif que le trèfle, et augmente la quantité et la qualité du lait. On a remarqué qu'il fait quelquefois enfler la tête des moutons.

Le sarrasin convient aux terrains maigres, ameublit le sol sans l'épuiser, croit rapidement, redoute les grands froids et les fortes chaleurs. On le sème ordinairement en seconde récolte après le blé. Nous pensons qu'il pourrait être cultivé avec succès dans les pays où deux récoltes sont impossibles la même année, dans la Bresse-Montagne du Jura, par exemple. On le sèmerait sur la fin d'avril; il préparerait la terre, l'ameublerait pour y semer du froment au mois de septembre.

Le grain de sarrasin vaut mieux pour les chevaux que l'avoine, et c'est pourquoi nous désirons qu'on en augmente la culture.

Il produit de cent à cent vingt-cinq hecto-litres par hectare.

Maïs.

33. Les nombreux usages de cette plante, soit pour l'homme, soit pour les animaux, sont connus. Les tiges vertes forment un fourrage très-sucré.

Le *maïs d'été*, le *maïs d'automne*, le *maïs quarentin*, qui mûrit très-rapidement, le *maïs de Pensylvanie*, dont la tige porte jusqu'à quatorze épis, sont les principales variétés de ce blé, qui nous est si utile.

Il serait bon d'essayer la culture de ces diverses espèces, afin de cultiver dans chaque pays celle qui y donnerait les produits les plus avantageux.

Le maïs exige des terres franches d'une

humidité moyenne, bien ameublies et bien fumées. Il rend jusqu'à soixante fois sa semence.

CHAPITRE X.

CULTURE DES PLANTES LÉGUMINEUSES.

—

Haricots.

34. Le haricot donne de bonnes récoltes ;
il se plaît dans les terres fraîches et substantielles, dans les terres calcaires ou marnées,
et préfère le fumier des bêtes à cornes.

On distingue : le *haricot nain*, qui se sup-
porte lui-même ; le *haricot à rames*, à cause
de la longueur de sa tige ; le *haricot blanc*, et
les *haricots colorés* de différentes manières.

C'est le haricot de Soissons qui est le plus
estimé. On peut semer le haricot dès qu'il n'a
plus à redouter la gelée. La semence de deux
ou trois ans donne une récolte plus abondante
que les graines de la dernière année. On garde
en cosses la semence qu'on veut conserver.

Pois.

35. Les usages des pois sont bien connus ; on a tort d'en semer si peu. Les pois, fauchés quand ils commencent à fleurir, forment un de nos meilleurs fourrages verts, et préparent le terrain à la culture du froment.

Les *pois gris*, destinés aux animaux, n'exigent pas d'engrais, et aiment les terres argileuses.

Les *pois blancs*, pour les usages de l'homme, se plaisent dans les terres chaudes et substantielles. Ils comprennent les variétés suivantes: *pois à rames*, *pois nains*, *pois à cosses et pois mange-tout*.

Il est bon de ne semer que des graines de la dernière récolte.

Lentilles.

36. Elles servent à la nourriture de l'homme et à celle des animaux. Pour les animaux, les tiges sont préférables au meilleur foin.

Les terres sableuses, légères et calcaires, conviennent aux lentilles.

On distingue plusieurs variétés : la *grande lentille*, la *petite lentille* ou *lentille rouge*, et la *lentille à une fleur*, qu'on appelle aussi *ja-*

rosse ; on la sème en automne. C'est dans les cosses que les lentilles se conservent le mieux.

Fèves.

37. La fève est plus spécialement destinée à la nourriture et à l'engrais des animaux qu'aux besoins de l'homme. On en donne aux veaux âgés de douze à quinze jours, et, au bout de six semaines, on les vend un très-bon prix.

Les variétés en sont nombreuses ; toutes aiment les terres fortes et argileuses. Selon l'espèce, on sème ce légume au printemps ou en automne; on le sarcle plusieurs fois, si c'est possible, et on coupe le sommet de la tige au moment de la floraison.

Un peu de farine de fève, ajoutée à celle du blé, augmente la quantité et la qualité du pain, qui en a aussi plus de consistance.

CHAPITRE XI.

CULTURE DES PLANTES A RACINES NOURRISSANTES.

38. Parmi ces racines, la pomme de terre occupe le premier rang. Elle remplace l'avoine pour les chevaux. Donnée aux vaches, la pom-

me de terre cuite produit plus de graisse; crue, elle donne plus de lait. Les tiges, séchées et salées, sont utilisées quand les fourrages sont rares.

La pomme de terre aime les terres sableuses, quelque peu calcaires, et les terres franches. Une légère fumure est nécessaire.

Le fumier, placé sur la pomme de terre, conserve l'humidité aux racines. Un chiffon qui enveloppe le tubercule est un des meilleurs engrais. Les chiffons en laine sont préférables. Quand on craint la sécheresse ou de longues pluies, on ne doit point couper la pomme de terre pour la planter : dans le premier cas, elle se dessèche ; dans le second, elle pourrit. Plus on donne de binages et de soins à la pomme de terre, mieux elle réussit, et moins elle fatigue le sol.

Les variétés de la pomme de terre sont nombreuses ; essayons-les toutes, afin de pouvoir cultiver celles qui réussissent le mieux dans nos terres.

La maladie atmosphérique de ce précieux tubercule semble disparaître ; multiplions nos efforts et nos soins pour éloigner ce fléau.

Les remèdes qu'on a trouvés sont si nombreux et peut-être si incertains, que nous ne savons auxquels donner la préférence : nous avons encore besoin de renouveler nos expériences.

Betterave.

39. Cette plante n'est point encore assez cultivée. Nous savons qu'on l'emploie à une foule d'usages. On en extrait du sucre, de l'eau-vie; on la donne aux vaches laitières, en la mélangeant avec la pomme de terre : ce mélange est inutile quand on ne veut que de la graisse.

La betterave prépare le sol à la culture des céréales, et remplace ainsi la jachère. Tous les terrains lui conviennent, s'ils ne sont pas trop calcaires ou argileux.

La *betterave champêtre* est la meilleure pour les bestiaux. La *betterave jaune*, contenant beaucoup de sucre, est cultivée de préférence pour les sucreries. La *betterave de Silésie*, plus sucrée encore, peut résister au froid et à la chaleur. En arrachant trop souvent les feuilles pour les bestiaux, on diminue, dans les racines, les matières sucrées.

Raves, Choux-navets, Turneps, Rutabagas.

40. Ce sont des raves de différentes espèces.

L'agriculture en peut retirer des produits considérables. C'est le *rutabaga*, ou navet de Suède, qui résiste le plus au froid. Cette racine, qui engraisse bien les bestiaux, donne un goût désagréable au lait.

Les navets exigent un climat humide, les voisinages des rivières et des bois. Après ces récoltes, les céréales réussissent très-bien.

Avant de semer ces graines, on les fait tremper dans une forte *saumure*, afin de les débarrasser des insectes invisibles qui y sont attachés, et qui dévorent les jeunes plantes à mesure qu'elles poussent. La chaux les préserve de la rouille ; elles exigent beaucoup de fumier, et doivent être semées à une légère profondeur.

44. Les chevaux aiment beaucoup les carottes. Les vaches qui en mangent, donnent un lait, un beurre jaunâtres et de bonne qualité. Rien n'est préférable à la carotte pour engraisser les porcs.

La carotte blanche à collet vert est la meilleure. Elle est très-productive, et peut être cultivée dans toute espèce de sol un peu profond, car elle s'enfonce quelquefois à environ un mètre.

Les autres variétés sont généralement connues. Le fumier de basse-cour leur est préférable. Quelque peu de cendres ou de chaux en poudre, préserve les jeunes plantes des limaces et des autres insectes.

Panais.

42. Cette racine, encore trop peu cultivée, promet d'excellents produits dans une grande culture. Les chevaux, les bœufs, les vaches, les porcs, la mangent avec avidité : elle les nourrit, les engraisse, augmente la qualité du lait et celle du beurre.

Le *panais rond* est destiné aux usages de l'homme, et le *long panais* à celui des animaux.

Les terres fermes et fortes, bien ameublies, garantissent une bonne récolte. On doit semer sur la fin de février, ou dans les premiers jours de mars. La semence doit être placée à environ cinq centimètres de profondeur. Le panais réussit dans les terres arides, aussi bien, à peu près, que dans les bonnes terres franches, s'il y a un peu d'humus. Toutes sortes d'engrais lui conviennent. Comme il ne craint point la gelée, on peut ne le récolter qu'au printemps suivant.

Topinambour.

43. Cette racine peut servir à la nourriture de l'homme et à celle des animaux. Les feuilles sont une grande ressource quand il y a disette de fourrages. Tous les terrains conviennent à cette plante, et elle donne même plus de produits que la pomme de terre. On peut la semer dès le mois de janvier.

CHAPITRE XII.

CULTURE DE LA VIGNE.

44. Pour produire le bon vin, la vigne aime les coteaux, une exposition au midi, où les rayons du soleil dardent toute la journée.

Le sol sec, meuble et riche, lui convient ; mais elle préfère les terrains sableux, mélangés de petites pierres, les roches pourries par l'influence de l'air et de l'eau.

Quand il s'agit de l'établissement d'une vigne nouvelle, on défonce à l'automne et au printemps.

Pour les terrains argileux, on défonce à environ un mètre de profondeur. Dans les terrains pierreux, on va, si on le peut, jusqu'à un mètre quarante centimètres. Dans tous les cas, la croûte supérieure doit être versée au fond, et la terre du fond relevée à la surface. Elle se fertilise par le contact de l'air, par les engrais et les labours.

Une fois ce travail terminé, on doit choisir les meilleures variétés qui conviennent à la contrée, au climat, à l'exposition dont il s'agit.

La plantation a lieu au mois d'avril : on emploie généralement des chevelus : ce sont des branches de deux pousses, que l'on a préalablement placées en terre, pendant deux ou trois ans. En préparant ainsi les plants, la vigne rapporte quelquefois deux ans plus tôt. Quand on les distribue, c'est-à-dire quand on les plante dans la nouvelle vigne, il est nécessaire de répandre quelque peu de terrain sur les racines de chacun.

On fait deux sarclages la première année. La seconde année, on déchausse chaque pied, soit pour couper les racines inutiles, soit pour y déposer quelque peu de bonne terre. Dans le courant de l'été, on pratique toutes les opérations en usage.

Au mois de mars de la troisième année, on déchausse, comme l'année précédente, et on taille à un œil toutes les pousses nouvelles. Dans le courant de l'été, on pioche à environ douze centimètres de profondeur, on plante les échalas, si c'est l'usage et si l'espèce de vigne en exige ; un peu plus tard, on pratique successivement deux sarclages.

Quand il s'agit de vignes déjà établies, la première opération consiste à découvrir le pied, s'il a été couvert en automne pour le préserver de la gelée. Cette opération n'a lieu que dans les pays les plus froids.

Ensuite on déchausse les ceps, pour rogner les racines supérieures qui sont inutiles. On ne déchausse à la fois que ce qu'on veut tailler dans une journée.

La taille est une opération très-importante; car c'est de la taille que dépend en partie la durée du cep, la quantité et même la qualité du vin. Nous conseillons les leçons d'un vigneron habile et intelligent.

Par la taille, le cep doit être façonné de manière que les raisins puissent jouir de la lumière, de la chaleur, de la rosée, etc.

L'époque de la taille varie suivant les climats. Dans les pays chauds, on la commence déjà à la fin de l'automne, et avant la sève dans les climats un peu froids.

En pratiquant le premier houage, il faut que la terre du dessus soit tournée au-dessous, et réciproquement.

Les échalas se placent avant que la vigne pousse.

La seconde façon a lieu avant la floraison : on émiette la terre, on en replace au pied des ceps, en même temps qu'on enlève les mauvaises herbes.

La rognure consiste à enlever toutes les pousses inutiles; elle ne peut être faite que par des personnes qui connaissent bien la taille.

Le second accolage a pour objet d'attacher les pousses à l'échalas, au moyen de paille ou de joncs.

La troisième façon s'exécute dès que les mauvaises herbes se montrent de nouveau.

Si les mauvaises herbes apparaissent encore, une quatrième façon est nécessaire.

En général, le terrain de la vigne doit être très-propre et très-meuble : de là dépendent l'abondance et la bonne qualité du vin.

La vigne a besoin d'être fumée tous les trois ans, si le terrain est en pente, et tous les cinq ou six ans, s'il est en plaine.

S'il est possible, ne commencez à vendanger que quand le raisin est en parfaite maturité, sur le point de pourrir : le vin en est plus spiritueux.

Pour obtenir de bons vins, il est nécessaire de ne point mélanger les raisins mûrs avec ceux qui ne le sont pas tout-à-fait ; supprimez aussi les raisins pourris : ils donneraient un mauvais goût au vin.

Si vous voulez donner aux vins rouges une belle couleur, égrappez vos raisins, et ne laissez point trop longtemps votre vin en cuve : il tournerait à l'aigre.

Pour bien conserver les vins, une bonne cave est la première condition. Elle doit être disposée de manière à n'être ni froide en hiver, ni chaude en été. Une bonne cave doit être voûtée, éloignée des lieux d'aisance et des fumiers, et munie de soupiraux pour renouveler l'air.

Dans une cave destinée au vin, on ne doit y déposer ni légumes, ni fromages, ni viandes salées, etc.

Les futailles, solides et propres avant tout, doivent être cerclées en fer, si c'est possible.

Après avoir vidé un tonneau, on le rince, on le fait sécher pendant plusieurs jours, puis on le soufre pour l'empêcher de moisir. Cette dernière opération doit être répétée plusieurs fois chaque année.

Pour que le vin se conserve bien, il faut que les tonneaux soient pleins jusqu'au bondon ; à cet effet, on remplace toutes les trois ou quatre semaines, par d'autre vin, ce qui se perd par l'évaporation.

(NICKLÈS.)

Une culture aussi importante ne peut être traitée, dans tous ses détails, que dans un ouvrage spécial. Des développements si étendus formeraient, à eux seuls, un volume considérable.

CHAPITRE XIII.

CULTURE DES PLANTES TEXTILES ET OLÉAGINEUSES.

45. On appelle *plantes textiles* celles dont la tige fournit de la filasse propre à faire du fil et des tissus.

On donne le nom de *plantes oléagineuses*
à celles dont la graine produit de l'huile.

Lin.

46. Le lin vient dans les terres franches et
substantielles, bien ameublies ; il réussit très-
bien aux prairies naturelles bien défrichées.
Mais le même terrain ne peut le produire
qu'au bout de six ou sept ans.

On sème le lin d'hiver à la fin de septembre.
La graine en est grasse, d'une couleur foncée.

Le lin d'été donne un fil plus fin que celui
d'automne.

Chanvre.

47. Le chanvre exige une terre compacte,
bien ameublie et bien fumée. On peut le cultiver tous les ans sur la même terre, en répan-
dant beaucoup d'engrais. On préfère les terres
noires des marais desséchés. La graine du
chanvre ne germe plus au bout d'un an. La
bonne semence est pesante, luisante, d'un gris
foncé. Après avoir semé, on répand sur le
terrain des débris capables d'y maintenir l'humidité.

Le chanvre mâle, mûr six semaines avant le

chanvre femelle, doit être arraché quand le sommet de sa tige commence à jaunir, et l'autre, quand ses feuilles commencent à tomber.

On extrait l'huile de la graine de chanvre trois mois après l'avoir récoltée.

Colza.

48. On cultive le colza pour obtenir l'huile que contient sa graine.

On sème le colza d'automne à la fin de l'été, et celui d'été au printemps ; c'est le premier qui donne les produits les plus abondants.

Il ne doit point être pâturé.

Navette.

L'huile de navette est estimée.

Il y a aussi la *navette d'automne* et la *navette d'été.*

Cameline.

49. La *cameline*, qui préfère les terres franches, bien fumées, vient à peu près dans toutes les terres cultivées. On la sème au printemps.

Pavot.

50. Le *pavot* exige une terre légère, bien préparée et bien fumée. On le sème en automne, au printemps, mais jamais après une céréale ; il exige plusieurs binages.

On fait aussi de l'huile de noix, de noisettes, de graines de sapin, etc.

CHAPITRE XIV.

PRAIRIES NATURELLES ET IRRIGATIONS.

51. On donne le nom de prairie au terrain qui produit de l'herbe.

Il y a des prairies *naturelles* et des prairies *artificielles*.

Les prairies naturelles se sont formées d'elles-mêmes.

On en distingue de trois espèces : les *prés secs*, les *prés bas* et les *prés marécageux*.

Aux uns et aux autres, débarassons les mousses, quand il y en a, au moyen de la herse.

Les prairies qui ne peuvent être arrosées, ont besoin de fumier tous les cinq ou six ans.

Les cendres produisent des effets extraordinaires sur les prés marécageux.

On arrose les prés en se conformant aux règles qui nous ont été enseignées par l'expérience.

Voici les principales :

Arrosez sans inonder le pré, sans que l'eau ait trop de vitesse et sans qu'elle séjourne. Donnez de la pente aux prés qui en manquent. Ne laissez point couler l'eau à des distances indéfinies. Changez de place les rigoles tous les deux ou trois ans. Préférez l'irrigation d'automne; tant qu'elle dure, visitez vos prés tous les jours.

L'année prairiale commence au mois d'octobre.

52. *Octobre.* — Arrosez nuit et jour ; laissez à sec tous les quatre ou cinq jours.

Novembre. — Mêmes règles que pour le mois précédent. Ne vous laissez point surprendre par un froid qui couvre le pré de glace. Otez l'eau assez tôt pour que le terrain ait le temps de s'égoutter.

Décembre. — Si le temps est doux, continuez à arroser. Si l'eau pouvait couler sous la glace, ce serait un grand bien.

Janvier et février.—Faites disparaître la glace au moyen d'une forte irrigation, et cessez.

Ce système ne convient qu'aux bons pays.

Mars.— Commencez l'irrigation du printemps, qui convient aux pays froids. Quand il gèle, donnez l'eau le soir et ôtez-la le matin. C'est l'époque de répandre les engrais sur les prés marécageux.

Avril.—Si le temps est doux, arrosez pendant deux ou trois jours, et interrompez pendant deux ou trois jours aussi. Si vous êtes surpris par une gelée, mettez l'eau avant le lever du soleil, jusqu'à environ dix heures du matin.

Mai.— N'arrosez plus que dans les pays montagneux, pour lesquels vous suivez les procédés du mois précédent.

Juin. — N'arrosez plus du tout lorsqu'il pleut. Par un temps sec, mettez l'eau pendant la nuit seulement. Huit jours avant de faucher, cessez entièrement d'arroser.

Juillet.— Après la coupe du foin, laissez à sec votre pré pendant une dizaine de jours. Ensuite, arrosez toutes les nuits pendant huit jours, puis une nuit sur quatre ou cinq.

Août.— Par un temps chaud, arrosez deux

nuits sur trois ; arrosez fortement les prés marécageux.

Septembre.—Arrêtez l'irrigation une dizaine de jours avant de faucher le regain. Après
la récolte, curez les fossés et les rigoles, afin
que tout soit prêt pour les irrigations d'automne.

CHAPITRE XV.

PRAIRIES ARTIFICIELLES ET FOURRAGES.

53. Les prairies artificielles sont des champs
où l'on a semé des plantes fourragères qui y
vivent plus ou moins longtemps.

Les plantes qu'on sème ainsi sont : le *trèfle*,
la *luzerne*, l'*esparcette* ou *sainfoin*, la *pimprenelle*, le *pastel*, la *spergule*, etc.

Trèfle.

Les produits du trèfle sont considérables.

On distingue : le *trèfle rouge*, le *trèfle jaune*
ou *lulupine*, et le *trèfle blanc*, qui convient
particulièrement aux moutons. Les deux premières espèces durent deux ans. On ne doit
point les donner au bétail en herbe mouillée.

Luzerne.

La luzerne est très-productive. On ne doit la semer que dans les terrains profonds et fertiles; alors elle peut durer de huit à douze ans.

Sainfoin ou esparcette.

C'est la plante fourragère qui convient le mieux aux terrains légers.

Ses racines, dit-on, pénètrent dans la roche. Elle est devenue un bon produit partout où elle a réussi; elle a enrichi la Bresse-Montagne du Jura. On dit qu'elle améliore les terres, à condition, toutefois, qu'en les remettant en culture, on se dispense de les écobuer et de les brûler ; en les brûlant, elles deviennent sans consistance. C'est généralement au printemps qu'on sème l'esparcette dans le blé.

Pimprenelle.

Cette plante, qui vient sur les mauvais sols, a l'avantage de résister aux grandes sécheresses et aux grands froids. Elle forme un excellent pâturage pour les moutons.

Pastel.

Le pastel forme aussi d'excellents pâturages pour les moutons; on ferait bien de le mélanger avec la pimprenelle.

Spergule.

Cette plante convient aux terres blanches; on la donne aux vaches laitières, pour augmenter la quantité et la qualité du lait et du beurre.

La plupart de ces plantes sont séchées en foin. Quelque peu de sel jeté dans ces fourrages, leur donne une qualité supérieure.

Nous conseillons surtout l'emploi du sel pour les foins qui proviennent des prairies naturelles.

CHAPITRE XVI.

NATURE DES ASSOLEMENTS. — SUPPRESSION ET AVANTAGES DES JACHÈRES.

54. Assoler une terre, c'est en alterner les cultures.

Un bon assolement est celui qui permet à la terre de produire beaucoup sans trop l'épuiser.

Nous savons que les céréales et toutes les autres plantes que nous cultivons, produisent plus ou moins, suivant que chacune en particulier succède à telle ou à telle autre culture.

C'est sur ce point que le cultivateur a besoin d'expérience et d'instruction.

Dans les bons pays, les meilleures terres produisent deux récoltes chaque année.

1re année, 1re récolte, *navette d'automne*; 2e récolte, *maïs*, ou autre plante sarclée.

2e année, 1re récolte, *blé avec engrais*; 2e récolte, *blé noir ou navets*.

On a essayé la culture de la carotte dans le blé, et elle a très-bien réussi. On la sème au printemps, et l'on herse pour couvrir la graine. Ce hersage est très-avantageux au blé. Après la moisson on herse de nouveau, et cette plante sarclée se développe activement.

Dans beaucoup de localités, on voit les terres inoccupées depuis le mois d'août jusqu'en novembre, époque des semailles pour quelques pays. Pendant ce temps, les terres, au lieu de produire une seconde récolte, s'emblavent de mauvaises herbes plus ou moins difficiles à extirper. Nous appelons toute l'attention des cultivateurs sur cet état de choses.

En soignant bien la terre, elle ne se lasse jamais de produire, pourvu, toutefois, que les plantes qu'on lui confie soient bien alternées.

Voici un assolement qu'on commence à mettre en usage dans l'Est, le centre et le Nord : 1° plante sarclée, 2° froment, 3° trèfles, 4° avoine, 5° froment.

En voici un autre, en usage à Roville : 1° Betteraves, 2° froment, 3° sarrasin enfoui, 4° orge, 5° colza, 6° seigle, 7° pâturage sur une plante artificielle. Selon nous, quand on veut enfouir une denrée quelconque, on doit la semer en seconde récolte : c'est le moyen de gagner une année, nous voulons dire une récolte.

La rotation suivante est en usage en Allemagne : 1° plante sarclée, 2° orge d'hiver, 3° seigle, 4° trèfle blanc à pâturer, 5° avoine.

On voit que cet assolement ne convient pas trop à la plupart de nos terres.

En voici un autre d'Angleterre : 1° Turneps (navets), 2° orge, 3° trèfle, 4° froment, 5° pois, 6° avoine, 7° turneps, 8° orge, 9° trèfle, 10° froment.

Cette rotation, qui nous paraît simple et avantageuse, peut se modifier selon les circonsances.

Dans notre cours pratique, à Champagnole, nous avons essayé les assolements suivants :

1er *assolement.*—1° Pommes de terre, 2° blé avec engrais, 3° lentilles, 4° blé avec engrais, 5° esparcette pendant quatre ans ;

2e *assolement.*—2° Blé, 2° pommes de terre, 3° blé, 4° betteraves et lentilles, 5° blé, 6° esparcette.

Ces assolements ont très-bien réussi; nous n'avions point écobué. Plusieurs autres rotations ont été également couronnées de succès.

Nous avons pu constater, alors, que les effets de l'engrais de végétaux décomposés sont aussi considérables que ceux des fumiers ordinaires.

Nous renouvelons nos instances pour essayer deux récoltes chaque année sur les bonnes terres, partout où elles sont possibles.

55. Une terre est en jachère, si, après l'avoir labourée, on la laisse improductive pendant un an. Laisser une terre en *jachère*, c'est tout simplement perdre une récolte ! La terre ne se fatigue point, nous l'avons déjà dit; mais elle peut manquer d'engrais. Il peut arriver aussi qu'on lui confie une semence qu'elle n'est point en état de produire. Les climats

et les terrains sont trop diversifiés pour que nous proposions des règles générales. Quant aux assolements, nous avons indiqué ceux qui nous paraissent réunir les meilleures conditions de succès.

Dès qu'un essai réussit, on le répète, puis on l'adopte.

Alternons, autant que nous le pourrons, la culture de nos céréales par celle de la betterave, de la carotte, du panais, de la pomme de terre, etc.; et nous perdrons cette habitude absurde de laisser nos terres en jachère.

Nous ne contestons point l'efficacité des jachères; mais pratiquons-les en automne, après les récoltes; de cette manière, les terres sont meubles et débarrassées des mauvaises herbes à l'époque des semailles du printemps. Nous nous résumons : *Jamais de jachères au préjudice d'une récolte.* Si vous n'avez pas la force de cultiver toutes vos terres, laissez-en quelques-unes de plus en prairies artificielles ou naturelles, et soignez bien ce qui est en culture. Ce procédé donne des fourrages; on a de nombreux bestiaux, de l'engrais à discrétion, et de bonnes récoltes en céréales par conséquent. Cette méthode a été celle de nos parents ; ils la conservent, et nous avons toujours vu leurs récoltes plus abondantes que celles des autres cultivateurs, qui avaient l'habitude mauvaise de trop mettre de terres en culture.

CHAPITRE XVII.

ANIMAUX DOMESTIQUES. — SOINS QU'ILS EXIGENT. — SERVICES QU'ILS RENDENT. — MAUVAIS TRAITEMENTS DONT ILS SONT L'OBJET.

56. Les animaux domestiques servent aux divers besoins de l'homme. Le cheval est le plus précieux. Parmi les races de l'Europe, on distingue celle du Holstein, du Mecklembourg et de l'Angleterre. En France, la race percheronne, ou de Normandie, la limousine, l'ardenaise et la franc-comtoise, sont les plus recherchées.

On régénère les autres races par l'emploi de l'étalon percheron.

Le croisement de l'âne avec le cheval donne un animal appelé bardeau. La jument et l'âne donnent le mulet. Ces animaux résistent aux longues fatigues et dépensent peu ; ils sont très-estimés dans quelques provinces.

Les chevaux arabes sont d'excellents coursiers peu propres au travail. Il en est de même des petits chevaux de Corse.

Nous avons indiqué, dans les chapitres précédents, les plantes, les racines qui conviennent à la nourriture du cheval. Il faut ajouter que les rations et les repas doivent en être réguliers. Les bons éleveurs de chevaux leur donnent les plus grands soins. Leurs conseils sont d'excellentes leçons pratiques pour les personnes qui ignorent tout ce qu'exige un cheval qu'on veut placer dans les meilleures conditions de santé, de travail et de profit.

Après le cheval, c'est l'espèce bovine qui a le plus d'importance.

Les races suisses, hollandaises et flamandes produisent beaucoup de lait; celles de Normandie et du Charolais sont préférées pour l'engraissement. Le Morvan fournit d'excellentes bêtes de trait. La race Durham, d'Angleterre, l'emporte sur toutes les autres pour la production de la graisse.

Nous citons le mouton en troisième ordre.

Le mouton coûte, dépense peu, et produit beaucoup. Les espèces en sont nombreuses.

On distingue : le mouton à laine frisée, pour les pays arides, et les moutons à laine lisse, pour les pâturages humides.

Les éleveurs de moutons doivent se créer des pâturages de pimprenelle ; ils leur deviennent très-utiles en hiver, les froids et les neiges n'empêchant point la végétation de cette plante. Pendant la mauvaise saison, ils doivent avoir aussi des navets, des betteraves, des carottes, des topinambours, des pommes de terre, etc., afin de tempérer, par cette nourriture, l'action échauffante des fourrages secs.

Nous avons aujourd'hui en France le mérinos, dont la laine est si belle et si recherchée. Cette race de moutons, la plus précieuse, nous vient d'Espagne.

En Angleterre et en Allemagne, nous trouvons des races dont les dispositions à l'engraissement sont extraordinaires.

La chèvre, qui vit de peu, est une ressource pour les familles les plus pauvres, les plus malheureuses. Nous aimerions à en rencontrer beaucoup plus partout. Espérons qu'on appréciera de plus en plus les ressources qu'elle procure.

Le porc produit des bénéfices considérables à celui qui sait l'élever avec intelligence et économie. A peu près toutes les substances animales et végétales lui conviennent. Nous en avons de nombreuses races ; l'espèce anglo-chinoise l'emporte sur toutes les autres de notre pays. Il est démontré qu'une livre de porc chinois coûte moins cher à produire qu'une livre de viande de porc de toute autre espèce. D'après nos propres expérienres, nous affirmons, en outre, que la viande du cochon chinois est de beaucoup supérieure, par la qualité et le goût, à la chair des autres espèces.

Je désire que tous les cultivateurs connaissent les avantages et les bénéfices d'une basse-cour bien organisée, et que chacun d'eux en ait une quelque peu en rapport avec l'importance de ses cultures : ce serait un pas de plus vers le bien-être général.

CHAPITRE XVIII.

SUITE DU CHAPITRE PRÉCÉDENT.

57. Voulez-vous prospérer sur les animaux domestiques ?

Appropriez, assainissez, éclairez, aérez les écuries, les étables, et soignez vos bestiaux. Les bestiaux ont besoin de propreté : pour eux, aussi bien que pour l'homme, la propreté est une condition de santé, de vie et de prospérité. Nous exigeons donc propreté à l'étable, propreté dans la nourriture. Ne laissez plus séjourner le purin sous le plancher de l'écurie : qu'on le conduise, par un canal, dans un réservoir extérieur, sur le tas de fumier, si la position du terrain le permet.

Etablissez des ventilateurs pour renouveler l'air, et que chaque matin on ne voie plus, sur les murs ni sur les cloisons de l'écurie, une rosée de vapeur dont l'humidité qui en résulte devient si dangereuse ; qu'on ne soit plus asphyxié en y entrant : la privation d'air fait dégénérer le bétail. Ne le laissez point sans litière ; sortez le fumier tous les jours ; balayez et essuyez ensuite proprement partout. Etablissez de grandes fenêtres aux écuries : la lumière y est nécessaire ; rehaussez-en le plafond ; gypsez-le, afin que la mauvaise odeur des animaux ne gâte point les fourrages placés au-dessus. N'oubliez point que les animaux ne peuvent, ni croître, ni se développer dans l'obscurité : vous serez bientôt amplement dédommagés de vos petites dépenses tendant à les loger plus salubrement.

Que la nourriture du bétail soit constamment propre, régulière, abondante et saine. Débarrassez le fourrage de sa poussière ; lavez bien les racines ; n'y laissez, ni terre, ni matières végétales en putréfaction. Faites boire vos bestiaux au moins deux fois par jour, quand ils sont à l'étable. Après le repas du matin et du soir, laissez-leur souvent respirer le grand air. En été, conduisez-les près de l'eau plus souvent, et évitez de les faire boire à une source trop fraîche ; en hiver, cet inconvénient n'est point à redouter. Craignez aussi de leur laisser boire l'eau stagnante des fossés ou des marais : ces eaux sont la cause et la source de nombreuses maladies. Ne laissez point au frais les bêtes de travail quand elles sont en transpiration : en de telles circonstances, ces animaux ont besoin des plus grands soins ; pansez-les, et gardez-vous bien alors de leur laisser boire de l'eau fraîche.

Réglez les repas et la ration des animaux, nous le répétons, mélangez leurs mets. Ne passez point trop brusquement du vert au sec, ni du sec au vert. Salez les fourrages et les autres denrées que vous leur préparez. Il est prouvé que six kilogrammes de foin salé en valent huit qui ne le sont pas.

L'engrais qui résulte des denrées et des fourrages salés, est d'une qualité bien supérieure à l'autre.

Quand vous coupez vos foins, ne les laissez point trop sécher : ils perdraient complétement leur goût.

Nous répétons encore que c'est alors qu'il convient de répandre quelques couches de sel sur le foin, à mesure qu'on l'entasse.

Si le foin n'est point assez sec, le sel, en le bonifiant, l'empêche de moisir.

CHAPITRE XIX.

SUITE DES DEUX PRÉCÉDENTS.

58. La jument porte ordinairement son poulain onze mois et quelques jours ; ménagez-la pendant les deux derniers mois, et ne la remettez à un léger travail que quinze jours ou trois semaines après sa délivrance ; ne ménagez point trop l'avoine aux poulains, et ne

les sevrez qu'au bout de quatre ou cinq mois.

A tous les chevaux, mélangez en hiver la carotte, la pomme de terre et la paille : remplacez quelquefois l'avoine par le blé noir, qui leur est meilleur. Après chaque repas, et avant de donner l'avoine, faites-leur boire de l'eau bien claire.

Ne retirez plus la bonne nourriture aux vaches lorsqu'elles sont prêtes au veau ; vous en avez la détestable habitude ; vous les négligez quand elles ont besoin des plus grands soins. Si elles sont alors ruinées, il vous sera très-difficile de les rétablir, et elles n'auront que peu ou point de lait. Lorsque le veau est bien tourné, ne tourmentez point la vache : laissez agir la nature ; s'il est mal tourné, recourez à une personne expérimentée, et ne soyez jamais cruels en de telles circonstances.

Donnez aux veaux de l'eau d'orge, des œufs avec du lait, et ils ne seront point malades. Conservez tous les veaux femelles dont le poil va en remontant depuis la tétine jusqu'à la queue, parce qu'ils deviendront de bonnes vaches laitières. Quand vous achetez une vache, assurez-vous qu'elle porte cet indice : elle vous donnera presque le double de lait de celle dont le poil, en cette partie, va en descendant. Une bonne vache laitière ne vous coûte pas plus d'entretenir qu'une mauvaise, et elle vous rapporte trois fois autant. Donnez en hiver, aux veaux de l'année précédente, une nourriture abondante et substantielle.

Ne faites saillir les génisses qu'à deux ans ; choisissez de bons producteurs: c'est le moyen d'améliorer la production. N'employez les taureaux qu'à quinze ou dix-huit mois, et cessez de vous en servir à trois ans.

Nourrissez votre bétail à l'étable jusqu'au mois d'août : c'est le moyen de vous procurer du lait, de la crue et de l'engrais.

59. Engraissez vos bœufs et vos vaches en hiver; c'est la saison la plus convenable, et c'est quand vous avez le plus le loisir de les soigner. C'est à l'âge de six ou huit ans qu'il convient de les engraisser; c'est alors aussi que les bénéfices sont le plus considérables.

L'expérience a démontré que plus l'engraissement est rapide, plus il est productif.

On dit que l'obscurité est favorable à l'engraissement. Nous le croyons, mais la viande est d'une qualité inférieure ; dans tous les cas, il faut que l'écurie des animaux soumis à l'engrais soit bien aérée. N'oubliez pas que la lumière a une action bienfaisante sur tout ce qui croît.

Faites des expériences pour constater s'il vaut mieux consommer votre fourrage en le donnant à des vaches laitières, que de le dépenser à engraisser des bœufs ou des vaches. Nous avons lieu de croire que les vaches laitières produisent plus que les vaches à l'engrais. Quand on a les denrées nécessaires, on peut faire l'un et l'autre.

Les conditions qui assurent les avantages de l'engraissement, sont : un bon choix d'animaux, une bonne méthode, d'excellents fourrages, et le talent de bien acheter et de bien vendre.

N'épargnez jamais le sel. Les Suisses disent *qu'un kilogramme de sel fait dix kilogrammes de graisse.*

Stimulez extérieurement le principe vital au moyen de l'étrille.

Ne calculez point votre gain sur le nombre de vaches : une vache bien entretenue produit plus de bénéfice que deux vaches mal nourries.

CHAPITRE XX.

60. Le berger de moutons doit beaucoup de soins à son troupeau. Pendant la gestation, surtout, il ne doit, ni les épouvanter, ni les maltraiter en aucune façon : c'est le moyen d'amener les agneaux à bon terme.

Tous les animaux domestiques aiment la propreté : les porcs que vous engraissez, doivent être tenus aussi proprement que les autres animaux. Pour les engraisser, attendez qu'ils aient atteint leur entier développement. Faites aigrir leur nourriture, et elle leur sera plus profitable.

Ne perdez jamais la moindre denrée : les débris qui ne conviennent point à certains animaux, peuvent être excellents pour d'autres. Procurez-vous donc des animaux de basse-cour : avec toutes les herbes qu'on laisse ordinairement se perdre, élevez des lapins. N'oubliez pas que la *poule*, le *pigeon*, le *dindon*, l'*oie*, le *canard*, mais surtout les *abeilles*, etc., ne coûtent, ne dépensent presque rien pendant la belle saison, nous dirons même pendant les trois quarts de l'année: la volaille et les abeilles entretiennent le ménage, procurent le bien-être. Les laboureurs, mieux nourris, ont la force et le courage de travailler, et ils se dispensent de porter aux cabaretiers leurs faibles économies ; bientôt une modeste abondance leur montre qu'ils sont dans la voie du bien : c'est là de l'économie sociale, aussi productive qu'elle est élémentaire.

Tout ce qui précède nous montre, mieux que je ne pourrais le dire, les services immenses que nous rendent tous ces êtres, que Dieu nous a soumis !

Le travail est le plus important de tous ces bienfaits. Nourrissez bien les animaux qui travaillent. En agriculture, ne les soumettez qu'à deux attelées moyennes de trois heures chacune. Ne les obligez point à une fatigue au-dessus de leurs forces.

Le cheval, le mulet et le bœuf se vengent quelquefois d'une manière terrible des mauvais traitements qu'ils reçoivent. En voyant certains cultivateurs accabler de coups leurs bêtes d'attelage, on est saisi d'indignation. Nous en dirons autant des voituriers : ils surchargent leurs serviteurs si bons ; et quand ceux-ci ne peuvent plus marcher, ils les frappent quand déjà ils succombent ! quand la tâche, la peine est au-dessus de leurs forces ! C'est de la barbarie !

Un homme vraiment bon, voiturier ou cultivateur, ne soumettra point ses animaux domestiques à des travaux trop pénibles ou excessifs ; il ne souffrira pas non plus qu'ils subissent de mauvais traitements.

Nous ne saurions trop le répéter, celui qui manque d'humanité envers les animaux domestiques, n'en a point non plus pour ses semblables.

A ceux qui ne voudraient point entendre nos conseils, nous ne pouvons que leur citer le texte de la loi du 2 juillet 1850 :

« *Seront punis d'une amende de 5 à 15 francs, et*
« *pourront l'être d'un à cinq jours de prison, ceux*
« *qui auront exercé publiquement et abusivement de*
« *mauvais traitements envers les animaux domes-*
« *tiques.*

« *La peine de la prison sera toujours appliquée*
« *en cas de récidive.* »

Nous avons besoin de remarquer qu'il n'est pas plus permis de faire souffrir les autres animaux domestiques que ceux qui exécutent nos travaux les plus pénibles : partout, l'autorité a pris des mesures pour empêcher les mauvais traitements à leur égard; les contraventions sont sévèrement punies.

En terminant ce chapitre, il est de notre devoir de rappeler aux enfants des campagnes que la loi défend, formellement aussi, de briser et d'enlever les nids des oiseaux. Les contrevenants sont passibles de fortes amendes et d'emprisonnement.

Nous ne pouvons qu'applaudir à cette juste sévérité de la loi : on a vu des enfants, des jeunes gens, se plaire à faire souffrir toutes sortes de tortures aux oiseaux qu'ils prennent dans les nids. Il n'appartient point à des enfants civilisés d'agir ainsi, il n'y a que les sauvages qui puissent être aussi barbares !

CHAPITRE XXI.

PRINCIPAUX INSTRUMENTS ARATOIRES, LEUR EMPLOI, LEUR UTILITÉ.

64. Les principaux instruments aratoires du cultivateur sont la charrue, la herse, le rouleau, la houe à cheval, le semoir, etc.

Nous nous abstenons d'en faire la description. Pour ceux qui ne les connaissent pas, il est mieux de voir les objets eux-mêmes.

Dans ces derniers temps, les instruments aratoires se sont multipliés à l'infini : on en a inventé beaucoup ; on en a perfectionné encore un plus grand nombre. Ce progrès, ce perfectionnement, on peut le dire, est vraiment en rapport avec les autres progrès de l'agriculture, et il y a lieu d'espérer qu'on ne s'en tiendra point aux résultats obtenus.

Les charrues de différentes espèces ne nous manquent pas. C'est à chaque cultivateur à choisir celle qui peut le mieux cultiver ses terres. Avant tout, il a besoin d'invoquer les résultats de l'expérience. Ici, il faut un labour profond ; là, il est nécessaire d'entrer, de pénétrer dans un terrain rocailleux : partout il faut que la charrue coupe ou arrache les herbes ; qu'elle place l'engrais où il est le plus avantageux qu'il soit ; enfin, elle doit enfouir convenablement les herbes, les gazons, et ameublir, diviser encore mieux la terre qu'elle verse au-dessus.

La charrue qui satisfera le mieux à toutes ces exigences, à toutes ces nécessités ou conditions, sera la meilleure, si, d'un autre côté, il ne faut pas une force beaucoup plus considérable pour la faire fonctionner, et si la dépense en rend l'acquisition possible aux petits cultivateurs.

Si les terrains sont unis, peu rocailleux, nous conseillons, pour le moment, la charrue à deux socs: le premier enlève le gazon, et le cache avec l'engrais ; le second répand sur le tout une terre qui, après le passage de la charrue, se trouve assez divisée, sans qu'il soit nécessaire de la diviser encore avec la houe. La dépense n'en est pas forte, et elle n'exige pas plus de force qu'une autre, peut-être moins.

Le modèle de cette charrue est à Poligny (Jura), au dépôt des machines du comice agricole de l'arrondissement.

Nous avons aussi différentes espèces de herses. La forme de cet instrument, les lames ou couteaux, varient suivant les lieux et la nature des terres.

Nous n'avons rien à dire du rouleau.

Un bon semoir nous présente des avantages incontestables : il économise des deux tiers au trois quarts de la semence. Celle-ci, se trouvant mieux placée de toutes manières, donne tout naturellement une meilleure récolte.

Nous possédons déjà des semoirs qui répandent l'engrais avec le grain. On comprend que l'engrais déposé avec la semence produit de meilleurs effets : il n'est point perdu à fertiliser les mauvaises herbes qui étouffent plus tard les céréales. Quoi qu'il en soit, avant de faire la dépense de cet instrument, le cultivateur doit laisser parler encore l'expérience ; mais qu'il en suive ensuite les conseils.

Si les agriculteurs rejettent quelque peu aujourd'hui les innovations agricoles, c'est parce qu'un certain nombre d'entre eux ont agi sans discernement en de telles circonstances : on a adopté sans examen ce qu'il a fallu rejeter ensuite.

Un excellent sarcloir n'est pas appelé à produire des résultats insignifiants. Le bien qu'il peut faire, est la conséquence de ce qu'on a le droit d'attendre d'une bonne charrue et d'un bon semoir. Les traces du sarcloir doivent correspondre aux lignes du semoir. Nous avons maintenant des sarcloirs si perfectionnés, que l'usage en sera bientôt repandu.

Rien ne peut être plus utile à nos céréales qu'un bon sarclage en temps convenable.

Les houes à la main varient de forme suivant les pays et la nature des terres : rien n'est plus facile à perfectionner,

Nous aurions besoin de nombreux volumes pour donner la description de tous nos instruments agricoles, en montrant les avantages et les inconvénients de chacun. Laissons aux riches propriétaires le soin d'expérimenter les instruments perfectionnés ou inventés. Si les essais sont avantageux, nous pouvons en profiter. Ce n'est point un petit cultivateur qui doit faire des dépenses incertaines.

Dans presque tous les cantons, nous avons aujourd'hui de gros propriétaires qui s'occupent d'agriculture ; allons voir leurs diverses expériences, leurs essais, leurs nouveaux instruments aratoires. C'est là qu'il y a des graines, des semis que nous n'avons pas ; c'est là aussi qu'il y a quelquefois des races d'animaux domestiques étrangères au pays. C'est là enfin que nous apprendrons quelles sont les races d'animaux, les cultures, les plantes, les instruments qui présentent des avantages certains.

Les instruments aratoires perfectionnés diminuent nos peines, abrègent notre travail, bonifient nos terres par une culture plus intelligente, contribuent indirectement à nous donner des récoltes plus abondantes, et nous permettent enfin de mettre successivement en culture une grande partie de nos terres incultes. La multiplicité de nos productions répandra l'abondance parmi nous.

CHAPITRE XXII.

VOIRIE ; AVANTAGES DES VOIES DE COMMUICATION.

62. La loi du 21 mai 1836, concernant les chemins, est devenue une source de bien-être et de richesses pour les campagnes.

La voirie vicinale a été et sera pour l'agriculture l'une des plus grandes causes de sa prospérité et de son progrès ; elle y contribue autant et peut-être plus que les instruments perfectionnés et les prairies artificielles : celles-ci produisent une partie de nos denrées ; les chemins vicinaux en facilitent l'exploitation, permettent de conduire les engrais partout où ils sont nécessaires ; de tirer parti des productions locales ; de les échanger contre celles qui sont étrangères aux habitants d'un même lieu ; de les envoyer facilement jusque dans les pays éloignés; c'est-à-dire, en deux mots, que la voirie vicinale généralise et tend, jusque dans le hameau le plus obscur et le plus reculé, les avantages de l'exportation et de l'exploitation; c'est un bienfait immense, dont les populations agricoles n'ont pas encore compris toute la portée. Il y a moins de trente ans, c'était en quelque sorte un évènement d'aller avec une voiture d'un village à l'autre. En Bresse, il fallait deux ou trois jours pour parcourir une distance de trente kilomètres !

Les boues de la plaine ont disparu sous un chemin sec et facile; les rampes, les précipices de la montagne ont été aplanis ou comblés. Avant qu'il en fût ainsi, voulait-on échanger des denrées ? c'était impossible, ou c'était une dépense considérable et pénible. Les animaux domestiques, fatiguant moins, produisent plus de crue et de graisse à leurs propriétaires.

La voirie vicinale a été et sera, pour les agriculteurs, une cause de richesses et de bien-être, qui rejaillit sur toutes les autres classes de la société. Elle a déjà doublé et quelquefois quadruplé la valeur de la plupart de nos immeubles. C'est trop évident et incontestable pour qu'on le démontre : la terre éloignée de la maison d'habitation était autrefois en quelque sorte à charge à son propriétaire ; il ne pouvait y conduire d'engrais ; il n'aurait pu en enlever la récolte, s'il y en eût eu, qu'avec les plus grandes peines.

Aujourd'hui, une distance de quelques kilomètres n'est plus rien : les prairies de toute espèce augmentent l'engrais, et les chemins en permettent le transport. Les prestations, nous le répétons, sont un bienfait immense pour ceux qui les supportent, quand on considère les avantages qu'il en résulte pour eux.

Mais la voirie vicinale ne réalise pas encore à demi, pour chaque commune, ce qu'en espère, ce qu'en attend l'agriculture. A mesure que les chemins vicinaux se termineront, il y aura à établir partout de nombreux et faciles chemins d'exploitation. C'est l'œuvre du temps ; mais c'est aussi la nécessité de notre époque. Et les populations, qui peuvent facilement aborder toutes leurs terres, répandre sur toutes les principes fertilisants nécessaires, en enlever sans obstacle les productions, auront des propriétés qui vaudront dix fois ce qu'elles valent aujourd'hui ; chacun bénira le gouvernement qui aura compris et accompli cet immense et utile bienfait.

Alors, et alors seulement, l'agriculture pourra atteindre la haute destinée qui lui est réservée parmi nous.

CHAPITRE XXIII.

NOTIONS D'HORTICULTURE.

Avantages d'un jardin pour le cultivateur ; nature du sol et exposition. — Défonçage, labour et binage.

63. *L'HORTICULTURE a pour objet la culture des jardins.*

Il est facile à chaque cultivateur d'avoir un petit jardin bien tenu : rien ne lui manque ; il a souvent l'engrais et le terrain à discrétion.

Le temps nécessaire pour le cultiver lui est donné en toute saison. Un jardin lui permet d'occuper utilement ses loisirs et ceux de ses enfants. Il y a pour toute la famille des avantages précieux, incontestables.

Le travail du jardin est une récréation, un

agrément. Si chaque famille avait un jardin soigné avec goût, il y aurait plus d'abondance dans le ménage, plus de bien-être et de contentement, plus de moralité, moins de paresse et d'autres vices chez les individus : car le jardin aurait les instants souvent consacrés au jeu, au cabaret, etc., et la famille ne s'en trouverait pas plus mal.

Il convient de choisir pour un jardin un terrain quelque peu rapproché de la maison. La terre franche est la meilleure pour cette destination. La terre blanche reste froide ; il en faut changer la couleur au moyen d'une autre terre.

Quand la terre du jardin a un mauvais goût, elle le communique aux légumes et même aux fruits. Pour reconnaître si une terre convient, on en prend une poignée qu'on trempe dans l'eau pendant dix heures environ. Après avoir passé cette eau dans un linge, on la goûte, et c'est ainsi qu'on apprécie la bonne ou la mauvaise qualité de la terre. Les terres trop légères ou trop grasses ne conviennent point. Si l'on est obligé de s'en servir, on doit les amender.

Pour un jardin, l'exposition au midi est la

meilleure ; quand il est clos de murs ou d'une haie bien garnie, il réunit les quatre expositions : les avantages qui en résultent, compensent en peu de temps la dépense de la clôture.

64. Le sol destiné à un jardin doit être défoncé ou creusé de 70 centimètres à un mètre de profondeur. On procède par tranchées, de manière à placer la terre supérieure au-dessous de l'autre.

L'opération du labour a lieu au moyen de la charrue, ou de la bêche, ou de la houe, ou enfin au moyen d'un autre instrument quelconque. On laboure la terre pour l'ameublir par les effets bienfaisants de l'air, de la lumière, de la chaleur et de l'eau, etc.

Le binage est le travail qu'on pratique aux champs, à la vigne, au jardin, pour en extirper les mauvaises herbes. On remue la terre à une légère profondeur, de manière que cette opération facilite le développement des plantes qu'on cultive. Plus on bine souvent et avec soin certaines plantes, plus elles produisent : c'est un petit travail qui n'est jamais perdu.

CHAPITRE XXIV.

65. Presque toutes les plantes se reproduisent par le semis ; c'est par le semis qu'on acclimate les plantes étrangères, et qu'on obtient de nouvelles variétés.

Pour accélérer la germination de certaines plantes, telles que les pois, les fèves, les haricots, on les fait tremper dans l'eau pendant un ou deux jours.

Si les plantes ont une enveloppe très-dure, comme certains noyaux, on les fait tremper dans de l'eau quelque peu chaude, ou bien on les fêle avant de les mettre en terre.

Mais il est beaucoup mieux et plus avantageux de planter ces divers semis, peu de temps après leur récolte, dans des vases remplis d'un sable, ni trop sec, ni trop humide. Au premier printemps, ces semences sont mises en terre.

On sème quelques plantes peu après la récolte des graines ; d'autres, et les plus importantes pour le cultivateur, se sèment en automne ; quelques-unes en hiver ; beaucoup au

printemps ; au mois de mai, celles qui crai-
gnent la gelée et dont la végétation est très-
active ; enfin, il est des plantes qu'on sème
en toutes saisons : telles sont les petites raves,
les épinards, les salades.

66. Il y a différentes manières de semer.

On sème à la volée les gros légumes et les
céréales ; on peut les semer aussi par planches et par rayons. Pour les céréales, nous
conseillons l'usage du semoir.

Les grosses graines se sèment seule à seule.

Les plantes délicates sont semées dans des
pots ou dans de petites caisses : de cette manière, on peut les exposer à la faible chaleur
de l'hiver, et les préserver de la gelée.

Enfin, on sème sur couches et sur ados.

Il suffit de visiter un jardin quelque peu soigné, pour se former une idée exacte des couches et des ados.

67. Pour établir une couche, on creuse une
fosse à un mètre de profondeur ; on place au
fond toutes sortes de débris du jardin : feuilles,
mauvaises herbes, débris de plantes, etc, qui
s'échauffent en pourrissant. On place au-dessus environ 20 centimètres de terreau, et l'on a
ainsi ce qu'on appelle une couche sourde.

Pour la couche chaude, on emploie du fumier avant le terreau.

On place des châssis ou vitraux sur les couches chaudes, soit pour y concentrer la chaleur, soit pour préserver les plantes de la gelée et de la pluie.

Afin d'éviter la concentration d'une chaleur trop brûlante, on ne place les vitraux sur les couches que quatre ou cinq jours après que la plantation ou que le semis a eu lieu.

C'est au moyen des couches qu'on obtient tant de fruits dont la précocité nous étonne.

Dans les jardins, à côté des murs, le plus souvent, on donne une certaine inclinaison à la terre, afin que la surface en soit bien exposée au soleil. Cette inclinaison, assez sensible, permet en outre à l'humidité de s'écouler rapidement ; de sorte que ces surfaces inclinées, qu'on appelle ados, ne gèlent guère en hiver, et permettent, quand elles sont établies dès le mois d'octobre ou de novembre, d'avoir des denrées très-précoces.

Si les froids sont quelque peu rigoureux, on déroule sur les ados, pendant la nuit, des paillassons qui préservent de la gelée les plantes qu'ils abritent.

Les ados ne coûtent que peu ou point de soins et sont très-avantageux à tout le monde.

Les couches chaudes exigent des soins particuliers à chaque instant de la journée. Il n'y a guère que les jardiniers de profession et les amateurs, peu occupés des grandes cultures, qui puissent soigner des couches avec succès.

68. Repiquer des plantes, c'est les arracher d'où elles ont été semées, pour les replanter ailleurs.

Le repiquage n'est point avantageux à la plupart des racines pivotantes, telles que la carotte, le panais, etc. Il est d'autres plantes pour lesquelles le repiquage doit avoir lieu lorsque ces plantes ont pris leur troisième ou quatrième feuille, telles sont les laitues, les melons, etc.

Quand les racines des plantes à repiquer sont trop longues, il est nécessaire de les rogner : les produits n'en deviennent que plus beaux.

Après avoir repiqué, on arrose, et si le soleil risque de brûler les jeunes plantes, il est bon de les ombrager au moyen d'un paillasson ou d'une grosse toile placée sur des piquets.

Pour repiquer les plantes, on emploie le cordeau.

CHAPITRE XXV.

ARROSAGE, SARCLAGE.— USAGE DES BRISE-VENTS, DES PAILLASSONS, DES CHASSIS ET DES CLOCHES.

69. Pour arroser, il faut que l'eau ait à peu près la même température que la terre à laquelle on la destine. Il est donc nécessaire que l'eau soit exposée à l'air et au soleil pendant plusieurs heures : on verse l'eau du puits, de la citerne, ou de la fontaine, dans un large bassin, afin qu'elle s'y échauffe, et que l'air la pénètre.

En arrosant, on doit éviter soigneusement de noyer ou d'inonder la terre. En commençant cette opération, on ne répand qu'une légère pluie fine; un quart d'heure après, on mouille un peu plus; la troisième et la quatrième fois, la pluie de l'arrosoir est sensiblement plus forte que la seconde et la première.

Dans les premiers jours du printemps, on arrose très-peu, et c'est au milieu du jour; un peu plus tard, quand les nuits sont encore fraîches, cette opération a lieu le matin. Quand les chaleurs sont fortes, on arrose le soir, au moment où le soleil commence à disparaître.

A mesure qu'on remarque une légère croûte à la terre, et qu'il y a dans le jardin des herbes mauvaises qui nuisent à la végétation des plan-tes, on doit faire un sarclage : on débarrasse ainsi tout ce qu'il y a d'inutile, on ameublit la terre, et les plantes prospèrent.

Quand une culture, une exploitation est bien tenue, le sarclage est de rigueur pour tout ce qu'on cultive. Sous ce rapport, ne négligeons, ni les céréales, ni les autres plantes. Econo-miser du temps sous ce rapport, c'est tout simplement nuire à la quantité et à la qualité des récoltes. Souvent l'herbe qu'on arrache vaut le temps qu'on sacrifie. Ainsi, il y a dou-ble avantage à bien sarcler les récoltes.

70. On donne le nom de brise-vent à une espèce de couverture en paille, qu'on place de-bout ou perpendiculairement au moyen de pi-quets fichés en terre. Les brise-vents sont destinés à mettre les planches ou les couches à l'abri des vents. On leur donne environ un mètre à un mètre cinquante de hauteur.

71. On confectionne les paillassons de la même manière. On les emploie sur les cou-ches, pour abriter les espaliers, les plantes dé-licates, et pour en préserver quelques-unes de

l'ardeur du soleil , pendant les fortes chaleurs.

On jette aussi les paillassons sur les vitraux,
quand le soleil y darde trop fort.

Un châssis se compose de toute la construc-
tion en bois destinée à une couche, c'est-à-
dire d'une caisse et de ses vitraux ou panneaux
à vitres.

La caisse a une longueur indéterminée de
2 mètres à 2 mètres 50 de largeur; elle est
inclinée au-dessus, de 40 à 60 centimètres,
suivant sa largeur; elle est aussi profonde
que la couche elle-même.

Pour les panneaux vitrés, les verres sont
placés à recouvrement, de la même façon que
les tuiles d'un toit.

En Hollande, au lieu de verre, on emploie
du papier imbibé de graisse , et l'eau coule
sans l'endommager.

On donne aujourd'hui à ces châssis une
certaine courbure cintrée, qui permet aux
rayons du soleil d'arriver perpendiculairement
sur la couche, pendant cinq ou six heures de
la journée.

72. On emploie les cloches en verre pour
garantir du froid certaines plantes, et pour les

faire croître plus rapidement, comme les melons, par exemple.

Les cloches en verre noir communiquent
plus de chaleur aux plantes ; celles en verre
blanc réfléchissent mieux les rayons du soleil ; mais les plantes placées sous des cloches
blanches, recevant plus de lumière, sont plus
vertes.

Tels sont les divers appareils du jardinier ;
ils sont simples à confectionner, pour la plupart, et les autres coûtent peu. Nous n'en
avons parlé que pour engager les cultivateurs
à s'en procurer quelques-uns ; ce sera pour
eux les moyens d'obtenir des produits, des
denrées, dont ils ont été privés jusqu'à ce
jour.

CHAPITRE XXVI.

DESTRUCTION DES ANIMAUX NUISIBLES.

73. La *taupe* est le plus nuisible de tous.

On peut la prendre au soleil levant, à midi
et vers le soleil couchant, quand elle pousse, en
enfonçant dans la terre une bêche ou une
houe à bras, au moyen de laquelle on l'en-

lève avec la terre. Des vers saupoudrés d'arsenic sont aussi un excellent moyen. Nous avons aujourd'hui des taupières à bascule ou à ressort, qui sont préférables.

La *taupe grillon*, dont les ravages sont bien connus, peut être prise en plaçant du fumier, en petits tas serrés, aux tranchées qu'on fait à leurs galeries. Au bout de quelques jours, ces animaux y sont réunis, et on va les surprendre avant le lever du soleil.

On prend les *rats* et les *souris* en plaçant en terre des pots remplis d'eau, sur laquelle il surnage de la poussière et des débris de grains ou de fourrages.

Les chats et les hérissons les détruisent.

On emploie aussi une pâte composée de farine et d'arsenic. L'emploi de l'arsenic, qui est un poison très-violent, exige de grandes précautions.

Pour détruire tous ces animaux dans les prairies, une bonne irrigation suffit.

Afin de se débarrasser des *pucerons* et des autres insectes qui dévorent quelquefois les petits choux, le colza, la navette, on répand, le matin, au moment de la rosée, de la chaux vive, du plâtre, des cendres, ou de la poussière de houille, de la suie, etc.

Les *hannetons* sont très-nuisibles : on secoue les arbres sur lesquels ils se trouvent, et on tue ces insectes. Quant à leurs larves ou vers blancs, les porcs les mangent ; s'ils attaquent les plantes d'un jardin, on est obligé de fouiller la terre dès qu'on voit une plante dépérir. En général, c'est en retournant la terre qu'il est nécessaire de les détruire. On sait que ces vers blancs se transforment en hannetons au bout de deux ou trois ans.

Les *sauterelles ou criquets* causent aussi de grands ravages. Beaucoup d'oiseaux ne se nourrissent que d'insectes ; c'est pourquoi il importe de ne pas détruire les oiseaux : moins il y en a, plus on remarque d'insectes.

On détruit les *chenilles* en anéantissant leurs anneaux d'œufs déposés sur les branches des arbres : à cet effet, coupez ces petites branches, et faites-les brûler.

On anéantit les *fourmis* en les brûlant avec de l'eau chaude ; si elles sont répandues sur un arbre, on fait de l'eau miellée, et on en suspend à l'arbre de petites bouteilles, dans lesquelles les fourmis vont se noyer.

Il faut détruire les *limaces* et les *escargots* à mesure qu'on les aperçoit. C'est le matin, le soir, les jours humides, qu'on doit leur donner la chasse. Le son attire les limaces. En en semant quelque peu çà et là, il est facile de les détruire.

Les cultivateurs intelligents n'attendent point que les dégâts soient commis pour en anéantir les causes : ils surveillent, et se donnent la peine d'anéantir, par tous les moyens possibles, les insectes qui leur paraissent dangereux (1).

CHAPITRE XXVII.

RÉCOLTES. — CONSERVATION DES GRAINS.

74. Au moment de la récolte, tout doit être prêt, de manière à pouvoir la faire rapidement : les outils, les voitures, les gerbiers doivent être en ordre. Les blés en paille ne doivent être déposés qu'en des lieux secs.

Les procédés pour récolter varient d'un lieu à un autre : ici, on rentre le blé dans les maisons ; là, le gerbier est au dehors ; ailleurs,

_____

(1) Après avoir parlé des animaux et des insectes nuisibles, nous aurions aimé à montrer combien il est avantageux aux cultivateurs d'avoir des abeilles, et des vers à soie, quand le climat le permet. Mais l'éducation de ces insectes, si précieux, exige trop d'étendue pour trouver place ici : ce sera, nous l'espérons, l'objet d'un traité spécial.

on a des gerbiers provisoires au milieu des champs. Dans tel pays, on moissonne à la faucille; dans tel autre, c'est avec la faulx.

On extrait le blé de la paille au moyen du fléau, à la grange ou en plein air, ou au moyen des battoirs à eau ou à vapeur.

Ces machines expéditives se multiplient partout ; elles gagnent du temps et évitent de la peine aux cultivateurs.

75. Le blé doit être conservé en grenier, à l'abri des insectes et des fortes chaleurs, et exposé, autant que possible, à un courant de l'air du nord. Pour conserver le blé plusieurs années, on le remue souvent, en ayant soin de le cribler ou de le vanner chaque année. Pour le conserver plus longtemps, on le met dans des cuves garnies en plomb, et on les ferme hermétiquement.

Si vous battez vos blés immédiatement après la récolte, gardez-vous bien de les déposer dans le grenier ; faites sécher vos grains au soleil, ou étendez-les sur des planchers à l'air, et remuez-les chaque jour, jusqu'à ce qu'ils soient bien secs.

Avant de mettre votre blé au grenier, appropriez bien celui-ci, et faites en sorte que, ni les rats, ni d'autres insectes ne viennent vous endommager vos produits.

Que les ouvertures de vos greniers soient garnies de tissus en fil de fer assez serrés pour empêcher d'entrer les insectes dangereux. Méfiez-vous des charançons (1).

Les autres graines doivent être cueillies à leur parfaite maturité ou un peu avant, suivant qu'elles risquent plus ou moins de se perdre en les récoltant.

En général, soignez toutes vos récoltes aux champs, en les rentrant et ensuite pour les conserver saines, de bonne qualité.

CHAPITRE XXVIII.

CULTURE ET PRINCIPALES ESPÈCES POTAGÈRES.

76. On donne le nom de *potager* à la partie du jardin consacrée aux légumes.

Les plantes *potagères* sont celles dont on mange la racine, ou la tige, ou le fruit, ou la graine.

On cultive au potager la pomme de terre,

---

(1) On vient de découvrir que certaines plantes à odeur forte, l'absinthe particulièrement, suspendues en petits paquets dans les greniers ou dans les appartements, éloignent du blé et de la farine les insectes qui les attaquent.

la carotte, le panais, la betterave, les pois, les haricots, etc. Les espèces destinées aux jardins exigent plus de soins que celles qu'on cultive dans les champs pour les animaux ; elles sont aussi de meilleure qualité.

Pomme de terre.

77. Quand on la cultive sur couche, on peut déjà en obtenir en mars et en avril. La pomme de terre qui croît dans les jardins a moins de saveur que celle des champs.

La *jaune-plate* de Hollande, *la pomme de terre haricot*, ne sont guère connues que des jardiniers. Quand on les sème en automne, on les récolte beaucoup plus tôt, pourvu toutefois qu'on les mette à l'abri de la gelée.

Haricots et pois.

78. Les variétés en sont très-nombreuses; il importe de les bien choisir. Ce jardinage, exigeant peu de soins après que la terre a été bien préparée, est très-avantageux aux cultivateurs.

Radis.

79. Nous n'avons rien de particulier à dire pour la culture des différentes espèces. On peut en avoir toute l'année, si l'on a soin d'en

semer sur couche en hiver et au printemps. En été, on en sème une petite quantité tous les quinze jours.

Carotte.

80. La carotte de jardin n'aime pas une fumure récente.

Pour avoir de la bonne graine, on doit la récolter soi-même.

Souvent on en achette de celle de deux ans, et elle ne réussit que très-rarement. Dans certains pays, on la sème au mois d'août, et on la récolte de très-bonne heure au printemps. Dans ce cas, il est nécessaire de la couvrir en hiver quand il gèle.

Salsifis et scorsonère.

81. Ces deux plantes se ressemblent ; la culture en est plus avantageuse aux jardiniers qu'aux cultivateurs. Elles exigent un terrain meuble et profond.

Oignon.

82. On distingue : l'oignon rouge, le meilleur, et l'oignon blanc, qui se conserve plus longtemps. Ils exigent l'un et l'autre un terrain fumé de l'année précédente.

Poireau, ail, échalotte et ciboule.

83. Ces diverses plantes, peu difficiles quant au terrain, sont très-utiles à chacun.

Céleri.

84. Il exige un bon terrain un peu frais. On le sème ordinairement sur couche, et on le repique.

Artichaut, cardon, asperge.

85. La culture de ces trois plantes est trop peu avantageuse aux cultivateurs, pour que nous en indiquions la culture.

Oseille.

86. On cultive l'oseille en bordure; elle est très-utile dans un ménage. Nous en avons de nombreuses espèces. L'oseille vierge, peu acide, est généralement préférée.

Epinards.

87. Ils aiment une terre bien préparée, demandent à être arrosés souvent, et préfèrent l'ombre et la fraîcheur. Pour ne point en manquer, on en sème tous les quinze jours environ.

Salades ou laitues.

88. Les principales espèces sont la *laitue pommée* et la *laitue romaine*. L'une et l'autre comprennent plusieurs variétés. Afin d'en avoir pendant toute la belle saison, on en sème un peu souvent.

Pourpier.

89. Terre légère et substantielle ; l'arroser souvent, en plein soleil.

Chou, Chou-rave.

90. On en distingue plusieurs espèces : le chou de Milan, d'un vert foncé ; le chou vert sans tête, qui peut durer plusieurs années ; le chou-rave, le chou-fleur.

Le chou pommé comprend : chou d'Yorck, très-précoce et très-estimé ; le chou cœur de bœuf ; le chou hâtif, en pain de sucre.

Le chou blanc a des variétés très-nombreuses.

Le chou rouge est fréquemment employé en médecine.

Les choux demandent une bonne terre, bien fumée. Pour les semis, elle doit être légère.

Le chou-rave est très-productif ; il est très-utile, très-avantageux aux cultivateurs. Il en est de même du rutabaga, ou navet de Suède.

Cerfeuil et Persil.

91. Il doit y en avoir dans tous les jardins quelque peu. Il y a le persil et le cerfeuil frisés, moins connus en certains pays que les autres espèces.

Citrouilles, Concombres.

92. Ces plantes se cultivent à peu près comme les melons; mais elles exigent moins de soins.

Melon.

93. Les cultivateurs ne peuvent guère s'occuper de la culture du melon dans les pays où il ne vient que difficilement.

Tomates, Capucines.

94. Les tomates et les capucines sont peu utiles aux gens de la campagne.

CHAPITRE XXIX.

PLANTES MÉDICINALES.

95. Nous conseillons de placer dans les

jardins quelques-unes des plantes médicinales qui, en de certains cas, nous paraissent très-utiles aux gens de la campagne, presque toujours éloignés des pharmaciens et des médecins.

Les accidents arrivent, et l'on ne sait que faire pour soulager le malade, et le mal devient grave.

C'est pour remédier quelque peu à cette situation fâcheuse, que nous donnons les noms de quelques plantes qu'on peut avoir partout, et que nous indiquons en même temps les propriétés générales des plantes que nous citons.

L'homme de la campagne qui a ces petites ressources à sa disposition, peut soulager beaucoup un malheureux, en attendant l'arrivée du médecin; il peut aussi se soulager lui-même, dès qu'il a la moindre indisposition. Suivant la nature de celle-ci, il suffit de faire une infusion avec telle ou telle plante.

On appelle *émollients* les plantes qui adoucissent : la mauve, la guimauve, le lin, sont les meilleurs.

Les *pectoraux émollients* sont les adoucissants qui conviennent à la poitrine. La *violette* et le *bouillon blanc* sont fréquemment employés.

Les *diurétiques émollients* sont destinés à faire uriner. Les meilleurs sont : le *chiendent*, la *bourrache*, le *pariétaire officinal*.

La *réglisse* et l'*épine-vinette* sont de bons rafraîchissants.

On appelle *narcotiques* les plantes dont les infusions calment, assoupissent ou engourdissent : telles sont la *belladone*, la *ciguë*, le le *pavot*, etc.

Les *excitants aromatiques* sont des stimulants d'une forte odeur agréable. Les principaux sont : la *sauge*, le *romarin*, la *lavande*, la *mélisse*, la *marjolaine*.

On appelle *stomachique tonique* ce qui est bon pour l'estomac. La *gentiane*, la *petite centaurée*, le *trèfle d'eau*, l'*absinthe*, la *camomille romaine*, etc., sont des plantes très-précieuses sous ce rapport.

La *bardane*, la *chicorée sauvage*, le *pissenlit*, le *houblon*, la *fumeterre*, la *saponaire*, la *douce-amère*, etc., sont des *purgatifs*, c'est-à-dire que ces plantes clarifient les humeurs.

Le *raifort sauvage*, la *moutarde*, le *cresson*, guérissant du scorbut, sont appelés *anti-scorbutiques*.

La *rhubarbe*, le *concombre sauvage*, l'ellébore noir, le *ricin*, sont des *purgatifs*.

La *rose de Provins*, la *tormentille*, etc., sont des *astringents*, c'est-à-dire que ces plantes infusées resserrent.

La *fleur de tilleul* et celle de *sureau* sont d'excellents *sudorifiques*, c'est-à-dire qu'elles activent la transpiration.

On voit qu'au moyen de ces quelques plantes, chacun peut se donner des soins précieux, et s'éviter quelquefois des maladies dangereuses, souvent mortelles.

CHAPITRE XXX.

FLEURS, LEUR UTILITÉ POUR LES CULTIVATEURS.

96. La culture des fleurs est un délassement pour toutes les personnes qui s'en occupent. Les fleurs embellissent le jardin et les abords de la maison. Quand ceux-ci sont bien soignés, on est mieux, on se plaît où la Providence nous a placés ; en un mot, on est plus heureux. Ensuite, les soins que les fleurs exigent nous empêchent de succomber à l'oisiveté, à la paresse.

Nous savons très-bien que nos cultivateurs, accablés de toutes sortes d'ouvrages, ne peuvent pas trop s'occuper de la culture des fleurs ; mais, parmi eux, il y a quelques familles aisées, moins poussées que d'autres par les travaux des champs, et pour lesquelles les soins de cette espèce seront à la fois agréables et utiles.

Quand on ne peut rien de plus, ayons à côté de notre habitation un *lilas*, un *chèvrefeuille*, quelques rosiers, à côté desquels seront cachées des touffes de violettes. Voilà qui est possible à tout le monde.

Ajoutons quelques bordures de fleurs au jardin potager : elles occupent la jeune fille ; elles lui donnent de l'activité et du goût : elle voudra que l'ordre et les agréments extérieurs passent dans l'intérieur de son ménage, par l'ordre et la propreté qu'elle y fera régner.

C'est ainsi que nous comprenons la possibilité de multiplier les agréments de la campagne ; c'est ainsi que nous y comprenons la culture des fleurs.

A ce qui précède, ajoutons, si nous le pouvons, le *genêt d'Espagne*, le jasmin blanc ; quelques espèces de rosiers, le muguet des bois, quelques œillets, des lys, le pois de senteur, le haricot d'Espagne, quelque laurier ou oranger, un myrte, dans des vases, etc. Et il y a tant d'autres fleurs, plus ou moins communes, plus ou moins rares, et qu'on peut quelquefois se procurer si facilement, qu'on est vraiment répréhensibles de ne point encore avoir, à côté de nos habitations, des agréments si purs et qui coûtent si peu.

97. Mais, dira-t-on, pourquoi conseiller aux cultivateurs d'avoir quelques fleurs ? Et d'abord, par les raisons que nous avons invoquées plus haut ; ensuite, parce que c'est rapprocher de soi, c'est mettre ou placer sous les yeux de chacun, quelques-unes des beautés de la nature ; parce que, plus il y a d'agréments au milieu de nos laborieuses populations, moins les jeunes gens désirent s'éloigner de leurs familles, pour aller *courir le monde* et se rendre malheureux ; parce que c'est le moyen d'attacher un peu plus nos jeunes générations au sol qui les a vues naître, à leurs familles ; c'est enfin dans le but de redonner à l'agriculture les bras qui lui manquent : plus les populations agricoles seront heureuses, plus il y aura de personnes qui

tourneront leurs regards vers l'agriculture, et plus il y aura de ressources et de bien-être.

Sous un autre point de vue, nous affectionnons naturellement ce qui est l'objet de nos soins, les plantes aussi bien que nos semblables et que nos animaux domestiques. Et il est prouvé que cette affection développe en nous les bons sentiments : de toutes les manières, nous avons sous les yeux tout ce que Dieu a créé pour l'homme; et, peu à peu, nous sommes pénétrés de reconnaissance ; en un mot, nous devenons meilleurs.

CHAPITRE XXXI.

NOTIONS SUR LA PLANTATION, LA CULTURE, LA GREFFE ET LA TAILLE DES ARBRES FRUITIERS.

98. Les arbres fruitiers aiment les terres chaudes, sèches ou d'une humidité moyenne. Ils préfèrent une pente légère, dans une exsition abritée, au midi ou au levant.

Choisissez des arbres d'une belle venue, et achetez-les auprès des pépiniéristes qui ne risquent point de vous tromper.

Faites vos plantations à la fin d'octobre ou au mois de novembre : une plantation d'automne gagne une année. Que les trous des arbres soient creusés quelque temps avant de faire la plantation.

Avant de placer l'arbre, déposez un lit de bonne terre.

Ne placez au potager que des arbres taillés ; qu'ils soient taillés ou non, placez-les à une distance convenable les uns des autres, et que vos plantations soient régulières.

Taillez les branches et les racines des arbres que vous plantez ; donnez-leur des tuteurs ; tournez les plus fortes racines vers le nord ; prenez des précautions pour les couvrir. Ne plantez pas un arbre plus profondément qu'il ne l'était à la pépinière ; arrosez quelque peu votre plantation la première année, quand le terrain est trop sec.

Ne laissez point pousser l'herbe autour de vos arbres ; remuez-y la terre au moins deux fois chaque année ; fumez-les quelquefois avec un fumier bien consommé. Ne laissez pousser aucune mousse ; faites-la disparaître quand il y en a aux vieux arbres.

La greffe consiste à placer un sujet sur un

autre de même espèce. Il y a la *greffe en fente*, la *greffe en écusson*, la *greffe par approche* et la *greffe en flûte*.

On peut greffer en fente et par approche dès que la sève est en repos.

99. Pour la greffe en fente, on coupe un peu en pente le sujet à greffer ; la fente ne doit point atteindre la moëlle. La greffe doit avoir du bois de deux ou trois ans, et avoir trois bons yeux ; on coupe ce qui est au-dessus. On place la greffe dans la fente, en ménageant bien les écorces de part et d'autre, et en les ajustant ensuite.

Puis on garnit avec de la cire ou simplement avec de la terre grasse, et on enveloppe d'un chiffon.

La *greffe en écusson* peut se pratiquer de mai en juillet, ainsi que pendant la seconde sève, appelée la sève du mois d'août.

Nous nous abstenons de décrire les opérations concernant la greffe à écusson, la greffe par approche et la greffe en flûte.

En voyant faire une seule fois chaque opération, on apprend et on comprend mieux qu'en lisant les descriptions les plus claires.

C'est au moyen de la greffe qu'on multiplie

les bons fruits, qu'on en améliore les espèces.

L'arbre qui provient d'un pépin a besoin lui-même d'être greffé. Quelques arbres, tels que le noyer, le mûrier, le pêcher, l'abricotier, ne réussissent point par la greffe en fente.

400. On taille les arbres pour les débarrasser des branches inutiles ou nuisibles. On peut tailler en hiver les poiriers et les pommiers; les fruits à noyaux se taillent un peu plus tard; on ne doit tailler le pêcher que quand il est près de fleurir.

En procédant à cette opération, on doit donner à chaque arbre la forme qui lui convient. Il importe de bien savoir distinguer les branches à fruits de toutes les autres. Les branches à fruits ont des boutons ronds, tandis que les autres n'ont que des yeux.

Les arbres doivent être taillés plus ou moins longs, suivant leur nature, le sol et le climat où ils sont placés.

Des applications pratiques sont donc indispensables.

Dans quelques années, la plupart des instituteurs, nous l'espérons, se trouveront en position d'enseigner à leurs élèves la culture et la taille des arbres.

CHAPITRE XXXII.

101. Pour récolter les fruits, attendez qu'ils aient atteint leur maturité complète; mais si le climat est froid, défiez-vous des premières gelées.

Si vous pouvez établir votre fruitier dans un bon caveau, vous y conserverez longtemps vos fruits, s'ils sont bien mûrs. On a vu conserver ainsi des pommes jusqu'à plus de deux ans.

On place les pommes et les autres fruits sur des rayons disposés pour cet objet ; on a soin de couvrir les rayons d'une mousse fine, bien sèche.

Les pommes sont dispoées de manière à ne point se toucher. On ne doit placer au fruitier, ni jardinage, ni autres denrées; il est bon de le visiter souvent, afin d'enlever les fruits qui pourraient se gâter. Les raisins se conservent de la même manière; il est nécessaire, toutefois, de fondre un peu de cire à l'endroit où la grappe a été coupée à la vigne.

Quelques personnes conservent leurs fruits en les plaçant dans des caisses et en garnissant de son ; d'autres les mettent dans du regain bien sec : c'est ce qu'on peut faire quand on n'a pas de fruitier.

402. A propos des arbres fruitiers, nous avons à répéter ce que nous avons dit de la carotte, de la betterave et du panais : les arbres fruitiers sont trop rares, généralement parlant, et cependant ils coûtent peu et produisent beaucoup. Il est assez difficile de traverser un village, même dans les bons pays, sans remarquer beaucoup de petits endroits, soit auprès des maisons, soit ailleurs, qui devraient être plantés d'arbres fruitiers. Ailleurs, nous ne voyons guère que de mauvais fruits, où il pourrait en croître de bons, si l'on avait soin de greffer les arbres ou de les remplacer par d'autres. Autant les bons fruits sont favorables à la santé, autant les mauvais sont nuisibles : ces derniers engendrent quelquefois des maladies très-sérieuses, des fièvres malignes, etc. Quels qu'ils soient, n'en mangeons point sans qu'ils aient atteint leur maturité entière.

Le gouvernement est en voie, s'il le veut,

de faire régénérer nos arbres fruitiers en peu d'années : qu'il place d'excellentes pépinières à côté de toutes les écoles normales ; que chaque école normale envoie des sujets, des greffes à tous les instituteurs ; que chaque maison d'école ait à son tour une petite pépinière. Et, bientôt, nous n'aurons que de bons fruits ; bientôt, ils croîtront partout où c'est possible.

CHAPITRE XXXIII.

FORÊTS ET ARBRES FORESTIERS.

103. Les reboisements font partie des améliorations générales de notre pays. Nous avons indiqué les terrains qu'il y a lieu d'utiliser par des plantations. Il nous reste à faire connaître les espèces d'arbres qui conviennent aux diverses natures du sol.

Les terrains humides aiment la verne, le frêne, le peuplier, le platane et le saule.

Les terrains secs recherchent l'alizier, le bouleau, le charme, le chêne, l'érable, le marronnier d'Inde, le mérisier, le hêtre, le châtaigner, l'orme, l'accacia, le sorbier, le tilleul, etc.

Le coudrier, la bourgène, le sureau, etc., sont

des arbrisseaux qui ne font point partie des plantations.

Les arbres résineux, tels que le pin, le sapin, le cèdre, l'if, le cyprès, et le mélèze, donnent lieu à de belles plantations. On est étonné de les voir si bien réussir où ces arbres ne croissent point naturellement. Sur les limites de la Bresse, dans quelques pays de la Bourgogne, où les terres sont grasses et marneuses, des plantations récentes s'y développent avec une vigueur vraiment extraordinaire.

Nous engageons nos cultivateurs à multiplier ces essais sur les sols incultes dont les terres sont marneuses : ces plantations seront une nouvelle richesse.

Le genevrier, le buis et le houx sont des arbrisseaux toujours verts, qu'on emploie quelquefois dans les plantations d'agrément.

Il est souvent très-facile de se procurer les sujets nécessaires à des reboisements. On préfère les semis, quand la plante peut se reproduire ainsi.

Si elle se propage par la bouture, comme le peuplier, on les prépare dans une petite pépinière, et on les transplante quand il en est temps. S'agit-il d'arbres étrangers au pays

que l'on habite? on s'adresse à un pépinié-
riste.

Nous recommandons beaucoup les plantations d'érable, de sycomore, de marronnier
d'Inde, d'orme, d'accacia, d'épicéa, ou pesse,
de peuplier, de frêne et de hêtre. On mélange les espèces qui conviennent au même
sol; les plantations réussissent mieux. Elles
doivent être sarclées chaque année, jusqu'à
ce qu'elles aient atteint la force nécessaire
pour détruire, pour étouffer elles-mêmes
toutes les mauvaises herbes.

Que votre forêt provienne d'une plantation,
ou qu'elle soit naturelle, elle doit être élaguée
et éclaircie quand les circonstances l'exigent.
N'élaguez qu'en hiver; coupez proprement les
branches que vous enlevez, à la surface de
la tige; faites disparaître tous les faux bour-
geons à mesure que vous en remarquerez. Une
forêt exige des soins intelligents; plus elle en
reçoit, plus elle est productive.

Comme pour les arbres fruitiers, les plantations d'automne sont les meilleures. Il est
inutile que la plantation d'un terrain ait lieu
la même année : il n'y a que les propriétaires
riches qui puissent procéder ainsi.

Ces importantes améliorations, loin d'être la cause de la gêne d'un cultivateur, doivent être faites sans qu'il s'en aperçoive, peu à peu, à temps perdu : une partie une année, une partie l'année suivante, et ainsi de suite.

Quand on coupe du bois, il est nécessaire d'enlever en premier lieu les sujets qui nuisent aux autres qui sont de belle espèce, en ménageant ceux qui restent, autant que les circonstances le permettent.

CHAPITRE XXXIV.

PRINCIPAUX OUVRAGES DU CULTIVATEUR POUR CHAQUE MOIS.

104. *Janvier.* — Soins au bétail et travaux d'améliorations, si le temps le permet.

105. *Février.* — Semer les fèves, l'avoine, les pavots, bêcher les jardins, semer et planter les arbres à fruits et les arbres forestiers.

106. *Mars.* — Dans les bons pays, semer le blé du printemps, l'avoine, le trèfle, la lulupine, la luzerne, l'esparcette, les vesces, les pois, les carottes, les panais, les choux, les betteraves, les lentilles, quelques salades, le lin, la pim-

prenelle et le pastel ; plâtrer ou fumer les prés, herser les céréales d'automne, biner le colza et la navette ; étendre les taupinières, transplanter les arbres résineux, planter les boutures de saules et de peupliers. Dans les pays de montagnes, ces divers travaux ont souvent lieu au mois d'avril.

107. *Avril.* — Semer l'orge, les prairies artificielles ; planter les pommes de terre où elles ne peuvent l'être en mars ; le maïs, si la saison est assez avancée ; biner le blé, les fèves, sarcler les denrées qui en ont besoin, semer le jardin potager, s'il ne l'est pas encore, etc.

108. *Mai.* — Semer le chanvre, la cameline, le colza, les choux-navets ; planter les haricots, transplanter les rutabagas, les betteraves et les choux, bêcher les pommes de terre ; sarcler et biner les jardins, les pépinières ; récolter et semer la graine de l'orme. Quelques-uns de ces travaux ont souvent lieu en juin.

109. *Juin* — Semer la navette de printemps, le sarrasin après la navette d'automne, biner les plantes sarclées, faire divers travaux aux jardins, couper les foins.

110. *Juillet.* — Récolter les céréales, et, à

mesure qu'ils mûrissent, le colza, la navette, le seigle ; semer le colza d'hiver, le colza en seconde récolte, le sarrasin après les vesces ou après le froment ; biner les plantes sarclées.

111. *Août*. — Récolter les céréales où elles ne le sont pas encore, le lin, le chanvre, les pavots ; semer la navette d'hiver, la spergule ; faire rouir le chanvre et le lin ; récolter les feuilles pour fourrage.

112. *Septembre*. — Terminer la récolte des fèves, récolter la graine de trèfle, les pommes de terre, le maïs, la navette d'été, la cameline, le sarrasin ; arracher les betteraves et les carottes, après qu'on a fait les regains ; dans les pays un peu froids, semer le froment, le seigle, l'orge d'hiver, l'épeautre, les vesces, les lentilles, les pois d'hiver ; récolter diverses semences, les fruits, etc.

113. *Octobre*. — Elaguer les arbres fruitiers, faire des labours, vendanger, transplanter les arbres, récolter les glands, les faînes, les graines d'arbres feuillus et d'arbres résineux ; continuer les semailles.

114. *Novembre*. — Semailles et plantations dans les bons pays ; battage des grains au fléau ; faire divers travaux d'amélioration, quand le temps le permet.

115. *Décembre*. — Travaux divers dans la maison ; travaux extérieurs quand il fait de beaux jours.

CHAPITRE XXXV.

DEUX MOTS D'HYGIÈNE.

116. L'hygiène consiste dans les soins de la santé.

Elle est précieuse, n'en abusons pas. La santé est la fortune de celui qui travaille.

Que votre habitation soit exposée au soleil, si c'est possible ; éloignez les émanations putrides qui altèrent l'air. Si le rez-de-chaussée est humide, assainissez-le : l'humidité engendre des rhumatismes.

Elevez les plafonds de vos appartements ; donnez à vos habitations de larges fenêtres : plus la lumière et l'air y pénétreront, mieux vous y serez. Que tout ce qui sert à vos divers besoins annonce la propreté. L'intérieur de vos maisons doit pouvoir se résumer en trois mots : *simplicité, ordre et propreté.*

117. Si vous avez à construire une maison, choisissez le terrain le plus sec. Loin d'enfon-

cer en terre votre habitation, élevez-la le plus
que vous le pourrez. Dans les pays plats,
comme en Bresse, cette précaution est de
rigueur. Cherchez à éviter les incendies : éta-
blissez des plafonds sur vos appartements ;
garnissez-les de mortier, ou de sable, ou de
terre marneuse bien battue ; couvrez en
pierre, ou en tuile, ou en ardoise ; aérez bien
vos greniers à fourrages ; donnez à vos maisons plus de hauteur et moins d'étendue qu'autrefois : il y a en cela économie dans la cons-
truction et dans l'entretien, et les habitations
sont beaucoup plus saines.

Démolissez vos cheminées de mauvais goût
et peu solides ; elles occupent trop d'espace,
et risquent de vous amener des incendies ;
construisez-en de très-simples, en briques ou
en tuyaux de terre cuite ; ce sont les meilleures;
elles coûtent peu, et n'offrent pas de dangers.

118. Dès que vous êtes mouillés, changez
d'habits. Maintenez vos pieds aussi secs que
vos travaux vous le permettent. Lavez souvent vos habits : c'est à la fois économiser
votre linge et soigner votre santé. Prenez des
bains ou lavez-vous le corps assez souvent.
Ne vous jetez jamais à l'eau froide, si vous avez

bien chaud. Lavez-vous la figure tous les matins. Si vous êtes en transpiration, ne laissez point sécher vos habits sur votre corps.

Evitez de boire de l'eau fraîche quand vous avez bien chaud ; jetez-y un filet de vinaigre, mouillez vos mains, et ne restez point inactif, ou au frais surtout. Que l'extérieur de votre maison annonce la propreté qui règne à l'intérieur.

119. Que vos mets soient tenus et préparés proprement. Ne mangez que quand l'appétit vous le commande, et ne le satisfaites point complètement. Ne buvez que de l'eau bien clarifiée; abstenez-vous de cette eau putride ou vermineuse. Quand vous êtes dans les champs, ne buvez ni aux fossés, ni aux mares. Ayez chez vous quelque peu de vin : vous le trouverez aussi bon qu'au cabaret, et il vous sera plus profitable, sans compter que vos femmes et vos enfants le partageront avec vous. N'économisez point sur les aliments : les travaux sont en raison de la nourriture : un ouvrier bien nourri vaut mieux que quatre qui manquent de soins. Cependant, *faites vie qui dure*; autrement, pensez au lendemain. Et, à force de soins, d'ordre et de travail, vous vous ménagerez des ressources pour vos vieux jours.

120. Faites en sorte d'avoir de bonnes soupes grasses, bien garnies de légumes : vous mangerez moins de pain, vous ferez plus de travail, et vous aurez une meilleure santé. Assaisonnez vos ragoûts de laurier, d'ail, de poivre, de girofle, etc. : ils seront plus sains et d'une digestion plus facile.

Nous vous défendons toute espèce d'excès : ils tuent ceux qui s'y abandonnent ; il n'en faut ni dans le travail, ni dans la nourriture, ni dans le repos.

L'ordre et l'économie, ainsi que tous les autres soins d'un ménage, dépendent presque toujours de la mère de famille ; songez-y. Une femme sans ordre, sans économie, est le fléau de ceux qui l'entourent. On a donc raison de s'occuper aujourd'hui, plus spécialement qu'autrefois, de l'éducation des jeunes personnes de la campagne ; faisons-en de bonnes épouses, de bonnes mères, des femmes dévouées, laborieuses et économes.

D'autre part, formons de bons citoyens, des cultivateurs intelligents, des hommes dévoués à leur pays, et jaloux de remplir tous leurs autres devoirs.

FIN.

TABLE DES MATIÈRES.

FIN DE LA TABLE.

Lons-le-Saunier, impr. de F. Gauthier.

BIBLIOTHEQUE NATIONALE DE FRANCE
3 7531 05083852 4